中巻のはじめに

上巻では戦災復旧客車のうち、オハ70・オハ71などの座席車からオユニ71形までを説明した。この中巻では続いてスユニ72形からマニ74形までの解説を進める。とりわけスユニ72形は多数のバリエーションがあり、大変興味深い形式である。

また巻末には、戦災復旧客車の使われた編成記録も収録した。

EF57 7牽引の東北本線上り列車。スニ75 2151
（スニ75-Qタイプ・下巻にて解説の予定）が連なる。
1963.3.18　南浦和　P：沢柳健一

スユニ72 7(スユニ72-Aタイプ)。1-3位側を示す。丸屋根であり、リベットがあることからあたかもスハ32形改造のような印象も受ける。
1957.8.3 竹下客車区　P：久保　敏

4．形式別解説(郵便・荷物車)続き

4.5　スユニ72形

スユニ72形は２軸ボギー20m級の郵便荷物合造車である。客車タイプ車体の１～33と、電車の車体が残る51～57(53・54は客車タイプ車体)の計40両・11タイプがある。

スユニ72-Aタイプは形式図どおりの標準車体、スユニ72-B～Fタイプは復旧前の客車の窓配置、スユニ72-G～Kタイプは同じく電車の配置が残っている。

郵便区分室の窓が塞がれているケースもあるが、マユニ78形のような規則性が見られず、単なる後天的な小改造としてとらえ、本形式ではタイプ分類は省略した。判明分として、窓枠が残っていてガラス部分が撤去されているのが３・５、窓部分が塞がれているのが２・11・12・14・24、窓枠が完全になくなっているが押印台部分の窓だけが残るのが16である。

■**スユニ72形 形式図**　ここではスユニ72-Aタイプとして区分した。

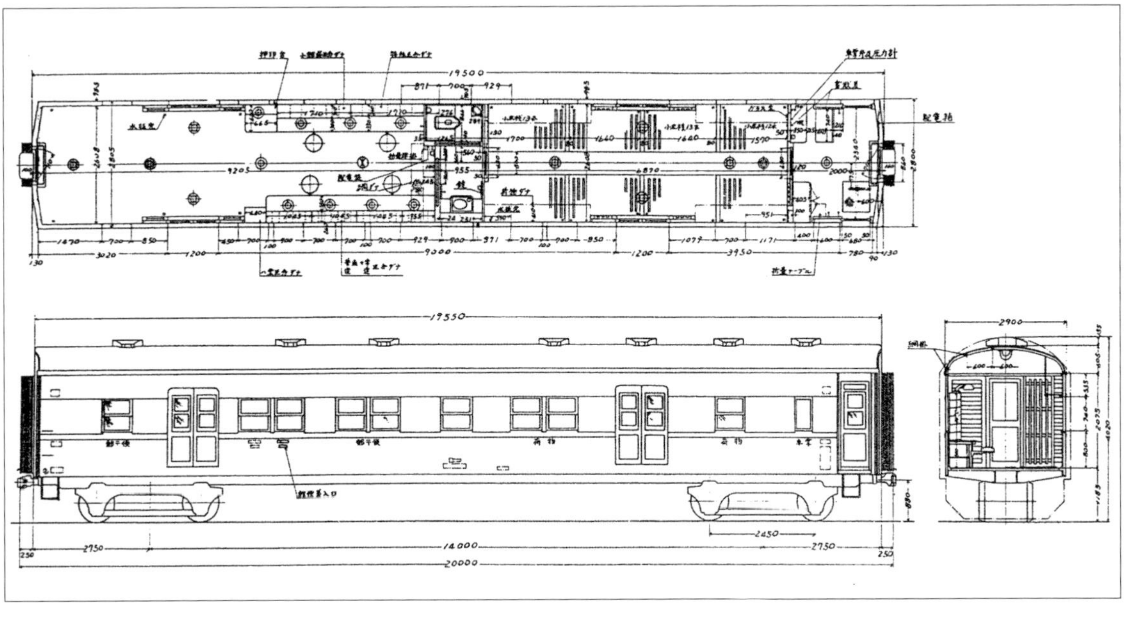

スユニ72 10(スユニ72-Aタイプ)。2-4位側を示す。丸屋根である。
1956.12.23　松本
P：久保　敏

スユニ72 2(スユニ72-Aタイプ)。1-3位側を示す。郵便区分室の窓が閉鎖されている。　1964.9.30　和田山　P：平井宏司

スユニ72 17(スユニ72-Aタイプ)。1-3位側を示す。こちらも郵便区分室の窓が閉鎖されている。　1959.3.10　高松　P：久保　敏

■スユニ72形 形態分類表

落成							その後の改造・廃車			
形式番号	妻面・屋根形状	台車	分類	落成年月日	場区	落成配置	最終配置	形式番号	年月日	摘要
スユニ 72 1	絞り折妻・キャンバス	TR11系	スユニ72-Bタイプ	1953. 11. 30	土崎	高松	門司港		1966. 11. 7	
スユニ 72 2	直線折妻・キャンバス	TR23系	スユニ72-Aタイプ	1953. 11. 14	土崎	高松	宮原		1965. 12. 16	
スユニ 72 3	丸屋根・キャンバス	TR23系	スユニ72-Aタイプ	1953. 11. 21	土崎	高松	宮原		1967. 8. 31	
スユニ 72 4	直線折妻・キャンバス	TR23系	スユニ72-Aタイプ	1953. 11. 14	後藤	(大)	出雲市		1967. 1. 12	
スユニ 72 5	直線折妻・キャンバス	TR23系	スユニ72-Aタイプ	1953. 11. 27	後藤	(大)	福島	スエ 71 12	1962. 3. 31	
スユニ 72 6	丸屋根・キャンバス	TR23系	スユニ72-Cタイプ	1953. 12. 21	後藤	(広)	門司港		1966. 11. 7	
スユニ 72 7	丸屋根・キャンバス	TR23系	スユニ72-Aタイプ	1953. 12. 10	後藤	(広)	門司港		1965. 12. 16	
スユニ 72 8	丸屋根・キャンバス	TR23系	スユニ72-Aタイプ	1953. 12. 27	後藤	塩尻	門司港		1966. 3. 31	
スユニ 72 9	丸屋根・キャンバス	TR23系	スユニ72-Aタイプ	1954. 2. 9	後藤	塩尻	松本		1967. 3. 30	
スユニ 72 10	丸屋根・キャンバス	TR23系	スユニ72-Aタイプ	1954. 2. 16	後藤	塩尻	松本		1967. 10. 26	
スユニ 72 11	直線折妻・キャンバス	TR23系	スユニ72-Aタイプ	1953. 12. 26	土崎	郡山	新宮		1965. 11. 4	
スユニ 72 12	直線折妻・キャンバス	TR23系	スユニ72-Aタイプ	1954. 1. 13	土崎	郡山	福島	スエ 71 91	1965. 9.	
スユニ 72 13	直線折妻・キャンバス	TR23系	スユニ72-Aタイプ	1954. 3. 4	土崎	郡山	郡山	スエ 71 97	1967. 1. 18	
スユニ 72 14	丸屋根・キャンバス	TR23系	スユニ72-Dタイプ	1954. 2. 17	土崎	郡山	福島	スエ 71 98	1967. 1. 31	
スユニ 72 15	丸屋根・キャンバス	TR23系	スユニ72-Aタイプ	1953. 12. 8	土崎	米子	出雲市		1967. 3. 31	AC 有
スユニ 72 16	直線折妻・キャンバス	TR23系	スユニ72-Aタイプ	1954. 3. 5	土崎	米子	出雲市		1967. 2. 23	
スユニ 72 17	直線折妻・キャンバス	TR23系	スユニ72-Aタイプ	1953. 10. 28	土崎	名古屋	名古屋		1965. 11. 14	
スユニ 72 18	直線折妻・キャンバス	TR23系	スユニ72-Aタイプ	1954. 1. 17	土崎	名古屋	名古屋		1966. 7. 7	
スユニ 72 19	直線折妻・キャンバス	TR23系	スユニ72-Aタイプ	1953. 11. 30	土崎	新潟	一関	スエ 71 34	1963. 3. 30	
スユニ 72 20	直線折妻・鋼板	TR23系	スユニ72-Aタイプ	1953. 10. 31	土崎	新潟	(札)		1965. 1. 7	
スユニ 72 21	直線折妻・鋼板	TR23系	スユニ72-Aタイプ	1953. 11. 11	土崎	新潟	福島	スエ 71 35	1963. 3. 30	
スユニ 72 22	直線折妻・鋼板	TR23系	スユニ72-Aタイプ	1954. 3. 25	土崎	高松	松本		1967. 10. 26	
スユニ 72 23	直線折妻・キャンバス	TR23系	スユニ72-Aタイプ	1954. 1. 28	土崎	高松	高知		1964. 1. 31	
スユニ 72 24	直線折妻・キャンバス	TR23系	スユニ72-Aタイプ	1953. 12. 25	土崎	新見	宮原		1967. 8. 31	
スユニ 72 25	直線折妻・キャンバス	TR23系	スユニ72-Aタイプ	1954. 3. 15	土崎	新見	宮原		1967. 9. 21	
スユニ 72 26	直線折妻・キャンバス	TR23系	スユニ72-Aタイプ	1954. 2. 6	土崎	(大)	宮原		1966. 3. 31	
スユニ 72 27	丸屋根・キャンバス	TR23系	スユニ72-Aタイプ	1954. 3. 18	土崎	(大)	宮原		1966. 9. 22	
スユニ 72 28	丸屋根・キャンバス	TR23系	スユニ72-Aタイプ	1953. 11. 18	土崎	(大)	宮原		1966. 3. 31	
スユニ 72 29	直線折妻・キャンバス	TR23系	スユニ72-Aタイプ	1954. 3. 28	土崎	(大)	宮原		1966. 12. 15	
スユニ 72 30	直線折妻・キャンバス	TR23系	スユニ72-Aタイプ	1954. 1. 30	土崎	高松	高松		1961. 3. 31	
スユニ 72 31	絞り折妻・キャンバス	TR23系	スユニ72-Eタイプ	1954. 1. 25	土崎	高松	高知	スエ 71 82	1965. 3. 30	
スユニ 72 32	丸屋根・キャンバス	TR23系	スユニ72-Fタイプ	1954. 2. 28	土崎	高松	高知		1963. 10. 3	
スユニ 72 33	直線折妻・キャンバス	TR23系	スユニ72-Aタイプ	1953. 10.	土崎	(名)	宮原		1966. 3. 31	
スユニ 72 51	半流・鋼板・ノーシルノーヘッダー	TR23系	スユニ72-Gタイプ	1954. 2. 13	土崎	新見	出雲市	スエ 71 19	1962. 7. 10	
スユニ 72 52	半流・キャンバス	TR23系	スユニ72-Hタイプ	1954. 3. 1	土崎	新見	名古屋		1966. 6. 9	
スユニ 72 53	直線折妻・キャンバス	TR23系	スユニ72-Iタイプ	1954. 3. 24	土崎	新見	池田	スエ 71 96	1966. 8. 25	
スユニ 72 54	直線折妻・キャンバス	TR23系	スユニ72-Aタイプ	1954. 1. 20	土崎	新見	宮原	スエ 71 29	1963. 2. 21	
スユニ 72 55	直線折妻・キャンバス	TR23系	スユニ72-Aタイプ	1954. 1. 23	土崎	新見	宮原		1967. 10. 26	
スユニ 72 56	半流・キャンバス	TR23系	スユニ72-Jタイプ	1953. 12. 18	土崎	新見	新宮		1967. 9. 21	
スユニ 72 57	半流・キャンバス	TR23系	スユニ72-Kタイプ	1954. 3. 27	土崎	新見	出雲市		1966. 3. 24	

※AC有：アンチクライマーあり

スユニ72 54(スユニ72-Aタイプ)。2-4位側を示す。　1957.6.23 黒坂　P：久保　敏

スユニ72 16(スユニ72-Aタイプ)。1-3位側を示す。郵便区分室の窓が閉鎖されているが押印台部分はそのままである。
1957.4.15 門司　P：久保　敏

スユニ72 55(スユニ72-Aタイプ)。2-4位側を示す。
1961.8.12 宇野　P：久保　敏

スユニ72 20(スユニ72-Aタイプ)。2-4位側を示す。　1957.3.7 正明市(現・長門市)　P：久保　敏

スユニ72 1(スユニ72-Bタイプ)。
2-4位側を示す。スハ32形の車体が
残っている。
1955.8.6 高松 P：佐竹保雄

スユニ72 6(スユニ72-Cタイプ)。
1-3位側を示す。オハフ33形の車体
が残っている。
1957.2.28 門司港 P：久保 敏

スユニ72 6(スユニ72-Cタイプ)。
2-4位側を示す。 P：鈴木靖人

スユニ72 14(スユニ72-Dタイプ)。
1-3位側を示す。スロハ31形の車体
が残っている。
1959.8.1 山形 P：豊永泰太郎

スユニ72 14(スユニ72-Dタイプ)。2-4位側を示す。
P：富樫俊介

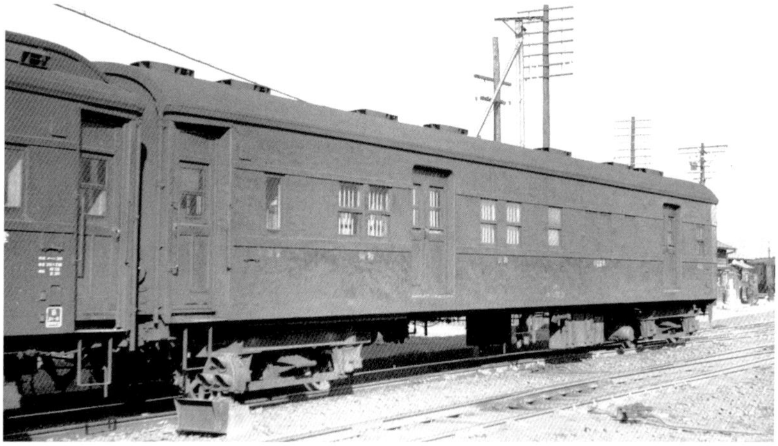

スユニ72 31(スユニ72-Eタイプ)。1-3位側を示す。オハ34形(旧スハネ31形)の車体が残っている。
1957.1.24 高松 P：佐竹保雄

スユニ72 32(スユニ72-Fタイプ)。1-3位側を示す。オハ35形の車体が残っている。
1959.3.9 高知
P：久保 敏

スユニ72 32(スユニ72-Fタイプ)。2-4位側を示す。
1959.4.11 岡山
P：筏井満喜夫

スユニ72 51（スユニ72-Gタイプ）。1-3位側を示す。クハ55形の車体が残っている。　1957.4.13 門司　P：久保　敏

スユニ72 51（スユニ72-Gタイプ）。1-3位側を示す。　1957.4.13 門司　P：久保　敏

スユニ72 51（スユニ72-Gタイプ）。2-4位側を示す。　P所蔵：宮崎繁幹

スユニ72 52(スユニ72-Hタイプ)。2-4位側を示す。クハ55形の車体が残っている。 P所蔵：宮崎繁幹

スユニ72 52(スユニ72-Hタイプ)。2-4位側を示す。
1963.6.10 長野 P：菅野浩和

スユニ72 52(スユニ72-Hタイプ)。2-4位側を示す。 1964.8.2 名古屋客貨車区 P：渡辺和義

スユニ72 52(スユニ72-Hタイプ)。1-3位側を示す。 1966.6.18 名古屋客貨車区 P：渡辺和義

スユニ72 53(スユニ72-Iタイプ)。1-3位側を示す。クハ55形の車体が残っている。　1964.10.10 釧路客貨車区　P：片山康毅

スユニ72 53(スユニ72-Iタイプ)。2-4位側を示す。釧路周辺に国電の成れの果てが走っていたことは意外である。
1963.9.23 釧路客貨車区　P：千代村資夫

スユニ72 56(スユニ72-Jタイプ)。1-3位側を示す。モハ60形の車体の面影が残る。　1965.11.29 新宮　P：久保　敏

スユニ72 56(スユニ72-Jタイプ)。2-4位側を示す。　1965.11.29 新宮　P：久保　敏

スユニ72 56（スユニ72-Jタイプ）。1-3位側を示す。　1965.11.29 新宮　P：久保　敏

スユニ72 57（スユニ72-Kタイプ）。2-4位側を示す。クハ55形の車体が残っている。　1959.5.3 岡山　P：伊藤　昭

スユニ72 57（スユニ72-Kタイプ）。1-3位側を示す。　1964.7.28 宇野　P：菅野浩和

スユニ72 57(スユニ72-Kタイプ)。2-4位側を示す。
1959.5.3 岡山
P:伊藤 昭

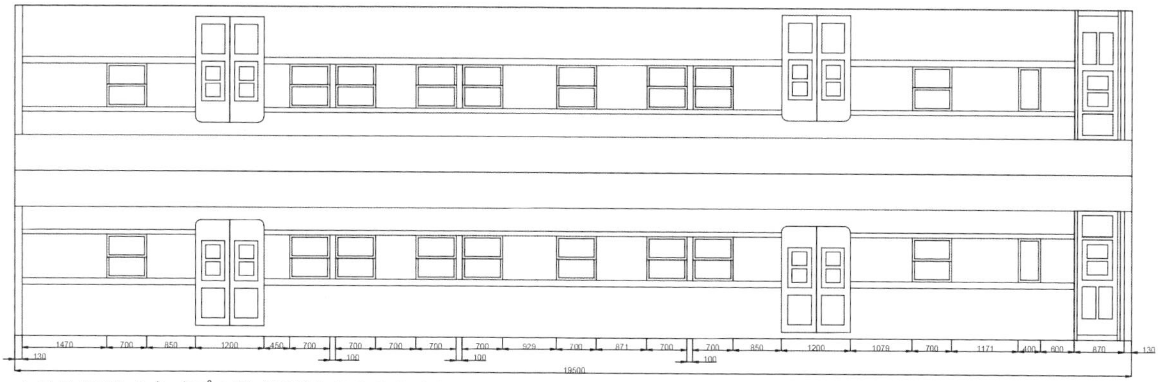

▲**スユニ72-Aタイプ**:形式図どおりのスタイル。

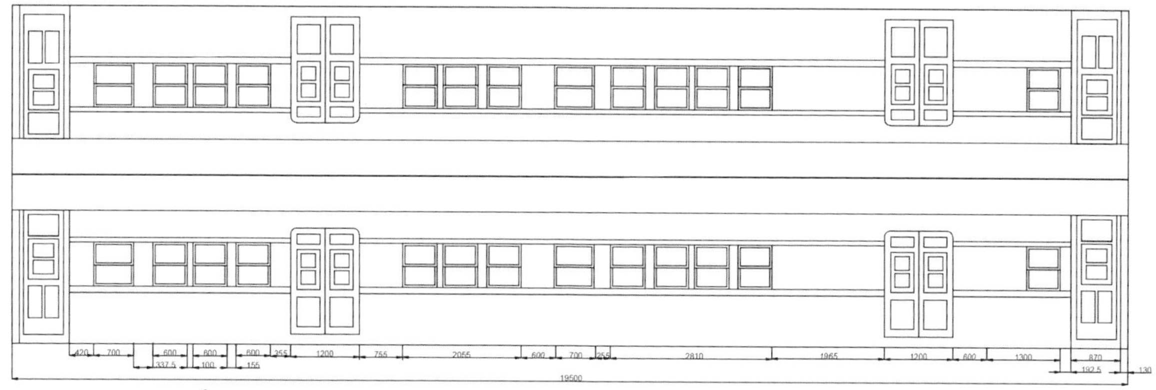

▲**スユニ72-Bタイプ**:スハ32形の車体流用のオハ71形からの改造(オハ71-Kタイプ)。

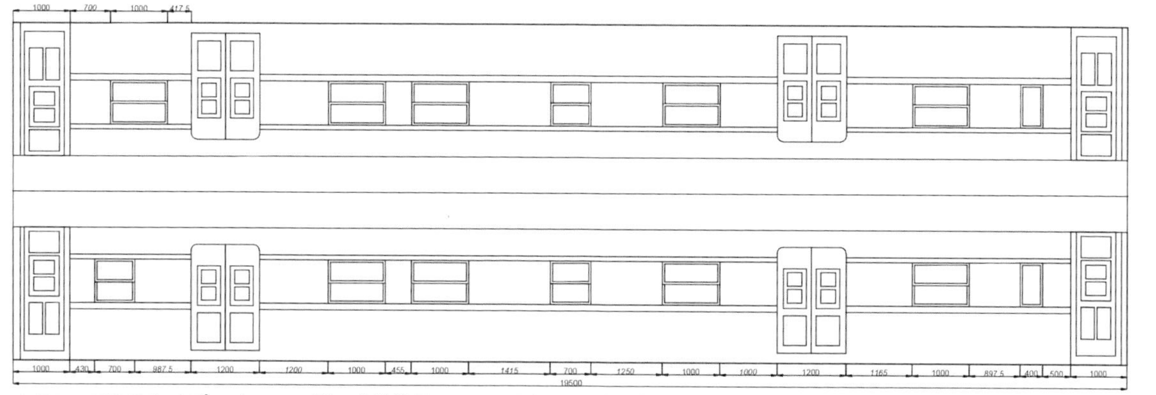

▲**スユニ72-Cタイプ**:オハフ33形の車体流用のオハ71形からの改造(オハ71-Hタイプ)。

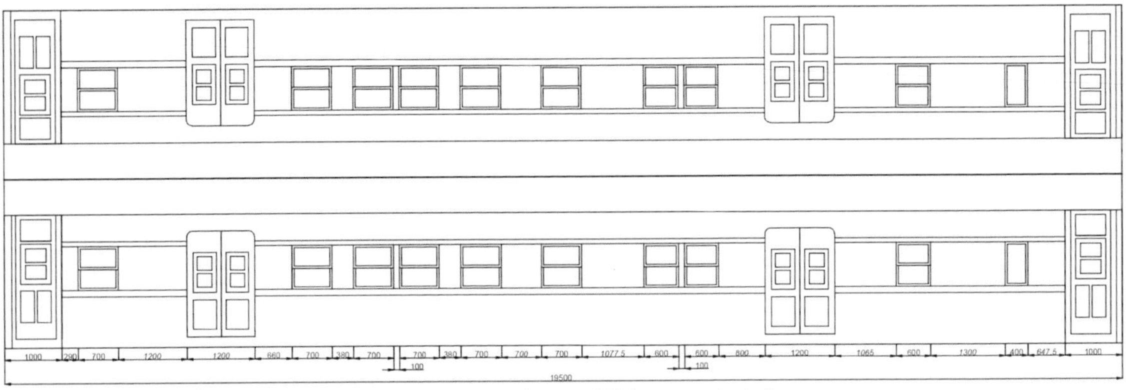

▲スユニ72-Dタイプ：スロハ31形の車体流用のオハ71形からの改造(オハ71-Iタイプ)。

▲スユニ72-Eタイプ：オハ34形(元スハネ30形)の車体流用のオハ71形からの改造(オハ71-Sタイプ)。

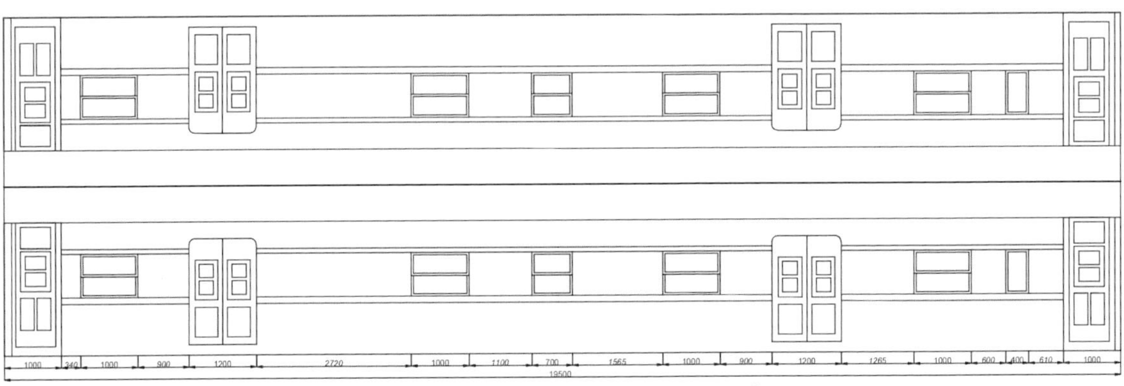

▲スユニ72-Fタイプ：オハ35形の車体流用のオハ71形からの改造(オハ71-Tタイプ)。

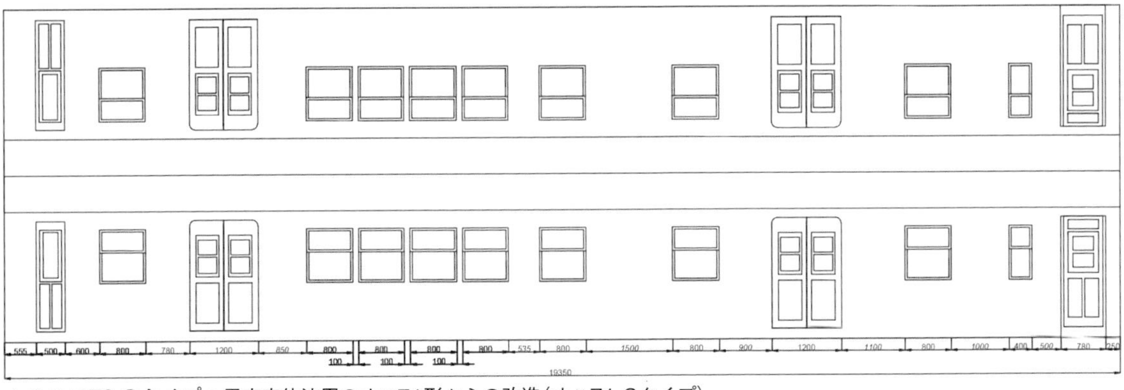

▲スユニ72-Gタイプ：電車車体流用のオハ71形からの改造(オハ71-Cタイプ)。

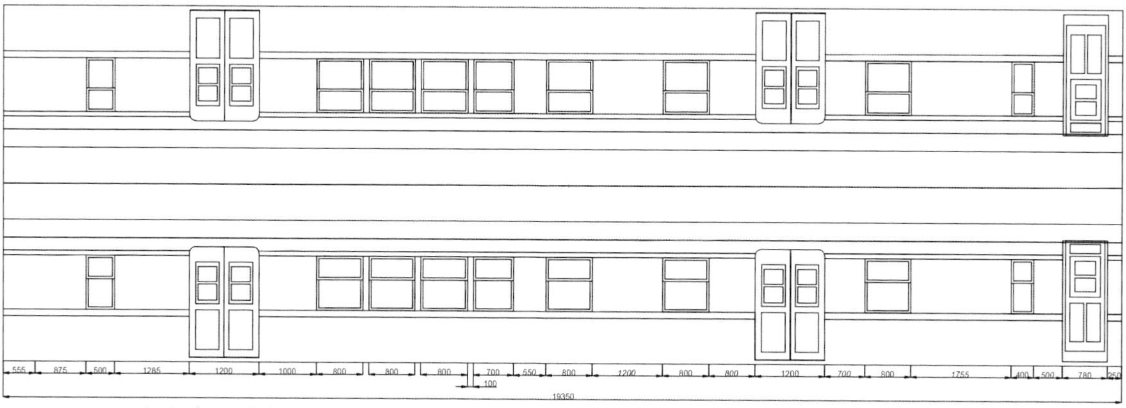

▲**スユニ72-Hタイプ**：電車車体流用のオハ71形からの改造(オハ71-Dタイプ)。

▲**スユニ72-Iタイプ**：電車車体流用のオハ71形からの改造(オハ71-Eタイプ)。

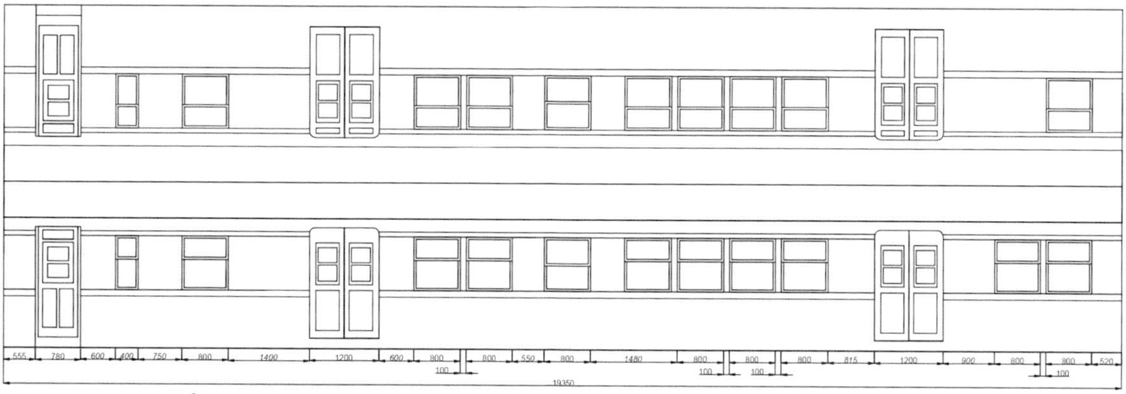

▲**スユニ72-Jタイプ**：電車車体流用のオハフ71形からの改造(オハフ71-Aタイプ)。

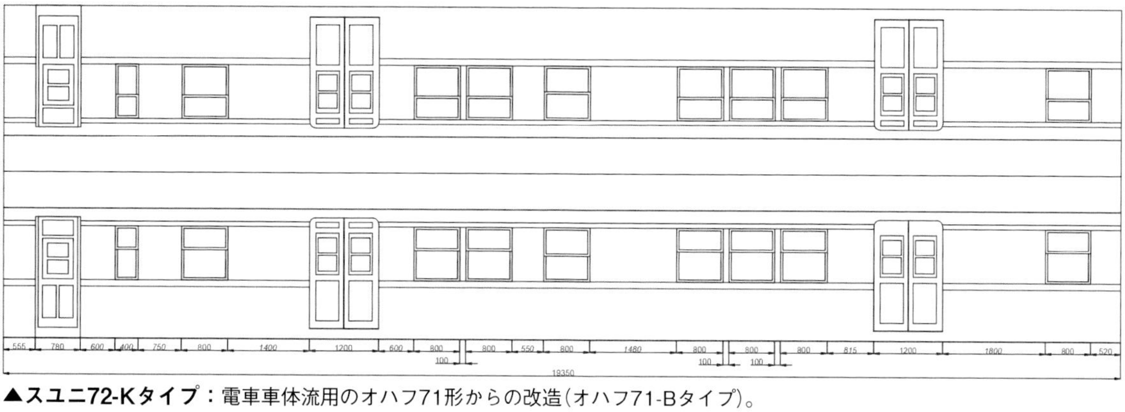

▲**スユニ72-Kタイプ**：電車車体流用のオハフ71形からの改造(オハフ71-Bタイプ)。

マユニ78 21（マユニ78-Aタイプ）。1-3位側を示す。丸屋根である。　P：富樫俊介

4.6　マユニ78形

マユニ78形は３軸ボギー20m級の郵便荷物合造車である。29両あったオハ78形全車が種車となり、１～29があった。３タイプが確認されている。

オハ77-A・Bタイプは後位側にある便所位置の違いであるが、マユニ78形に改造後は便所位置が中央に変更されたため、違いがなくなった。これがマユニ78-Aタイプである。その後、郵便区分室窓が撤去されたのがマユニ78-Bタイプ、これらとは別にマロネ37形の車体が残るのがマユニ78-Cタイプとなる。マユニ78 23～29がマユニ78-Bタイプであるが、うち23～25は当初はマユニ78-Aタイプであったことが確認されており、26～29も同様と考えられる。

郵便区分室窓は、簡易的に塞がれている車両（本書では閉鎖と表現）もある。スユニ72形でも同様である。1955年前後からこのような姿が見られる。同時期に登場したスユニ60形には郵便区分室の窓はなく、必要性が低いことが認識されて、このような小改造や撤去が施されたのではないかと考えられる。本形式では９～11の３両が確認されているが、他にも存在すると思われる。

■マユニ78形 形式図　ここではマユニ78-Aタイプとして区分した。

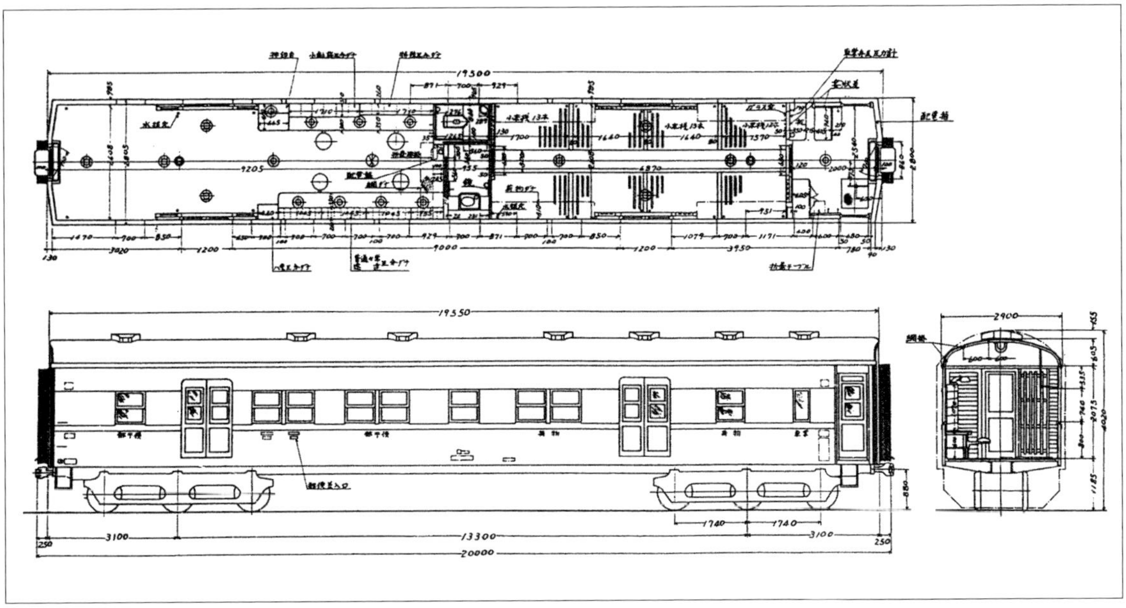

マユニ78 9(マユニ78-Aタイプ)。2-4位側を示す。郵便区分室の窓が閉鎖されている。丸屋根である。　　P：富樫俊介

元マユニ78 21(マユニ78-Aタイプ)のスエ78 15(複数写真の合成)。1-3位側側面を示す。JR東日本に継承され、2003年に廃車となった。
1990.12.18　高崎　P：藤田吾郎

■マユニ78形 形態分類表

落成							その後の改造・廃車			
形式番号	妻面・屋根形状	台車	分類	落成年月日	場区	落成配置	最終配置	形式番号	年月日	摘要
マユニ 78 1	直線折妻・キャンバス	TR71系	マユニ78-Aタイプ	1953. 12. 24	旭川	旭川	函館	スエ 78 4	1965. 1. 21	AC 有
マユニ 78 2	直線折妻・キャンバス	TR71系	マユニ78-Aタイプ	1954. 1. 9	旭川	旭川	米沢	スエ 78 11	1966. 3. 31	AC 有
マユニ 78 3	直線折妻・キャンバス	TR71系	マユニ78-Aタイプ	1954. 2. 6	旭川	旭川	新庄	スエ 78 12	1966. 3. 31	
マユニ 78 4	直線折妻・キャンバス	TR73系	マユニ78-Aタイプ	1954. 1. 30	旭川	旭川	名寄		1967. 2. 6	
マユニ 78 5	直線折妻・キャンバス	TR73系	マユニ78-Aタイプ	1953. 12. 11	旭川	旭川	旭川		1967. 2. 6	
マユニ 78 6	直線折妻・キャンバス	TR73系	マユニ78-Aタイプ	1954. 2. 20	旭川	旭川	旭川		1966. 8. 10	
マユニ 78 7	直線折妻・キャンバス	TR73系	マユニ78-Aタイプ	1954. 2. 27	旭川	旭川	旭川	スエ 78 5	1965. 3. 31	
マユニ 78 8	直線折妻・キャンバス	TR73系	マユニ78-Aタイプ	1954. 3. 20	旭川	旭川	池田		1967. 2. 6	
マユニ 78 9	丸屋根・キャンバス	TR73系	マユニ78-Aタイプ	1954. 3. 27	旭川	旭川	小樽	スエ 78 6	1965. 3. 9	AC 有
マユニ 78 10	直線折妻・キャンバス	TR73系	マユニ78-Aタイプ	1953. 11. 14	旭川	旭川	函館	スエ 78 7	1965. 1. 30	
マユニ 78 11	直線折妻・キャンバス	TR73系	マユニ78-Aタイプ	1953. 10. 30	旭川	函館	盛岡	スエ 78 13	1965.	
マユニ 78 12	直線折妻・キャンバス	TR73系	マユニ78-Aタイプ	1953. 11. 30	旭川	函館	釜石	スエ 78 14	1965.	
マユニ 78 13	直線折妻・キャンバス	TR71系	マユニ78-Aタイプ	1953. 11. 26	旭川	函館	函館	スエ 78 8	1965. 1. 23	
マユニ 78 14	直線折妻・キャンバス	TR71系	マユニ78-Aタイプ	1954. 1. 29	長野	門司港	広島		1965. 7. 10	AC 有
マユニ 78 15	直線折妻・キャンバス	TR73系	マユニ78-Aタイプ	1954. 1. 18	長野	門司港	広島		1965. 7. 10	
マユニ 78 16	直線折妻・キャンバス	TR73系	マユニ78-Cタイプ	1954. 2. 23	長野	門司港	長崎		1964. 10. 6	
マユニ 78 17	直線折妻・キャンバス	TR73系	マユニ78-Aタイプ	1953. 11. 6	長野	宮原	門司港		1969. 1. 15	
マユニ 78 18	直線折妻・キャンバス	TR71系	マユニ78-Aタイプ	1953. 12. 25	長野	宮原	門司港		1967. 7. 25	
マユニ 78 19	直線折妻・キャンバス	TR73系	マユニ78-Aタイプ	1953. 12. 21	長野	山田	函館	スエ 78 9	1965. 2. 10	
マユニ 78 20	直線折妻・キャンバス	TR71系	マユニ78-Aタイプ	1953. 12. 8	長野	山田	池田		1967. 2. 6	
マユニ 78 21	丸屋根・キャンバス	TR71系	マユニ78-Aタイプ	1954. 3. 31	長野	尾久	横手	スエ 78 15	1966. 3. 31	
マユニ 78 22	直線折妻・キャンバス	TR73系	マユニ78-Aタイプ	1954. 3. 26	長野	尾久	広島		1966. 6. 21	
マユニ 78 23	直線折妻・キャンバス	TR71系	マユニ78-Aタイプ→Bタイプ	1954. 2. 10	長野	成田	成田		1967. 12. 28	
マユニ 78 24	直線折妻・キャンバス	TR73系	マユニ78-Aタイプ→Bタイプ	1954. 3. 30	長野	成田	高松		1967. 9. 28	
マユニ 78 25	直線折妻・キャンバス	TR73系	マユニ78-Aタイプ→Bタイプ	1954. 3. 4	長野	成田	成田		1968. 2. 15	
マユニ 78 26	直線折妻・キャンバス	TR71系	マユニ78-Bタイプ	1954. 3. 15	長野	成田	成田		1967. 2. 2	
マユニ 78 27	直線折妻・キャンバス	TR71系	マユニ78-Bタイプ	1954. 9. 20	長野	成田	成田		1968. 1. 25	
マユニ 78 28	直線折妻・キャンバス	TR71系	マユニ78-Bタイプ	1953. 12. 28	長野	成田	錦糸町		1967. 2. 2	
マユニ 78 29	直線折妻・キャンバス	TR71系	マユニ78-Bタイプ	1953. 10. 31	長野	成田	錦糸町		1967. 9. 28	

※AC有：アンチクライマーあり

元マユニ78 1（マユニ78-Aタイプ）のスエ78 4。2-4位側を示す。 1983.8.21 帯広　P：掘井純一

マユニ78 5（マユニ78-Aタイプ）。1-3位側を示す。オハ77 14時代は鋼板屋根であったが、キャンバス屋根に戻っている。
1965.1.27 遠軽　P：佐藤進一

マユニ78 11（マユニ78-Aタイプ）。1-3位側を示す。郵便区分室の窓が閉鎖されている。 1964.9.13 函館機関区　P：宇野　昭

マユニ78 2（マユニ78-Aタイプ）。2-4位側を示す。アンチクライマーが残る。 1964.9.15 遠軽機関区　P：宇野　昭

マユニ78 25(マユニ78-Bタイプ)。2-4位側を示す。郵便区分室の窓が撤去されている。　1958.3.30 両国　P：中村夙雄

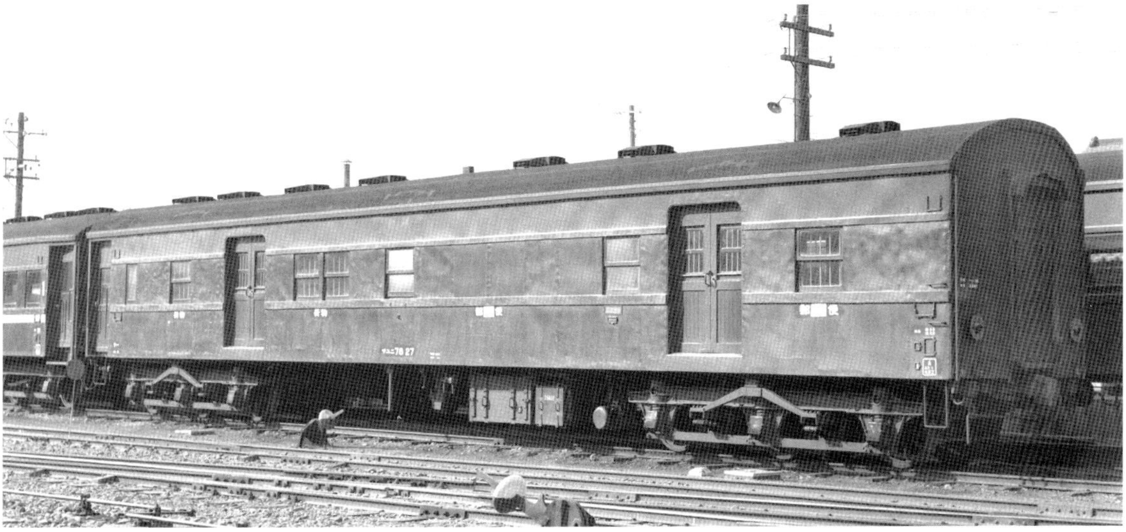

マユニ78 27(マユニ78-Bタイプ)。1-3位側を示す。郵便区分室の窓が撤去されている。　1962.2.15 錦糸町客貨車区　P：丸森茂男

マユニ78 16(マユニ78-Cタイプ)。2-4位側を示す。マロネ37形の車体が流用されている。　1955.3.15 中津　P：平井宏司

マユニ78 16(マユニ78-C
タイプ)。1-3位側を示す。
P：鈴木靖人

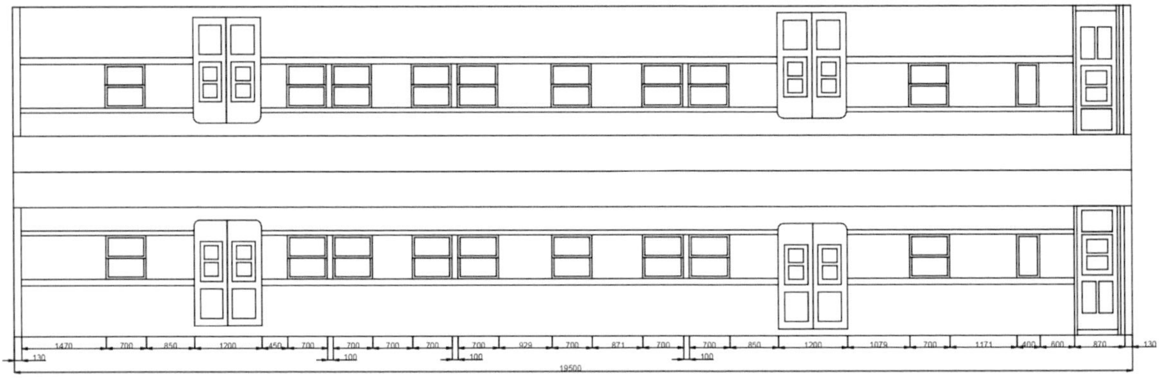

▲マユニ78-Aタイプ:スユニ72-Aタイプと同一車体。26～29は未確認だが当初はこちらのタイプと思われる。

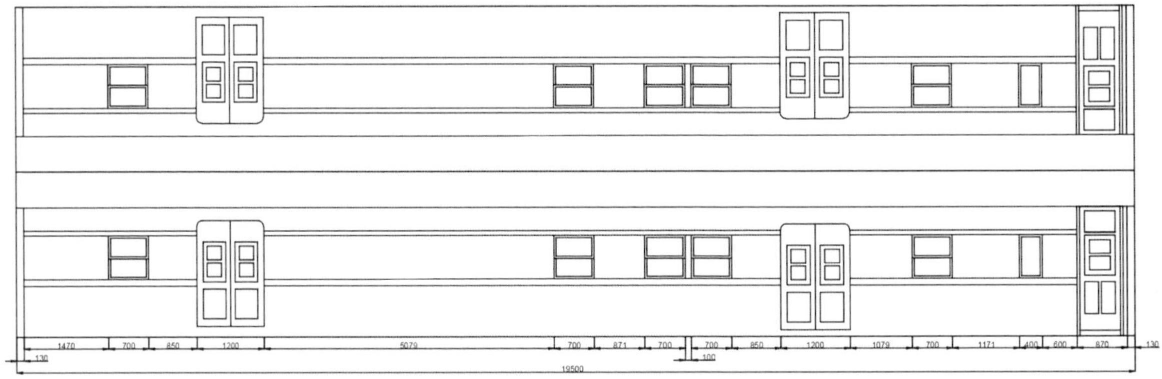

▲マユニ78-Bタイプ：千葉地区の23～29が該当。後年の改造と思われる。

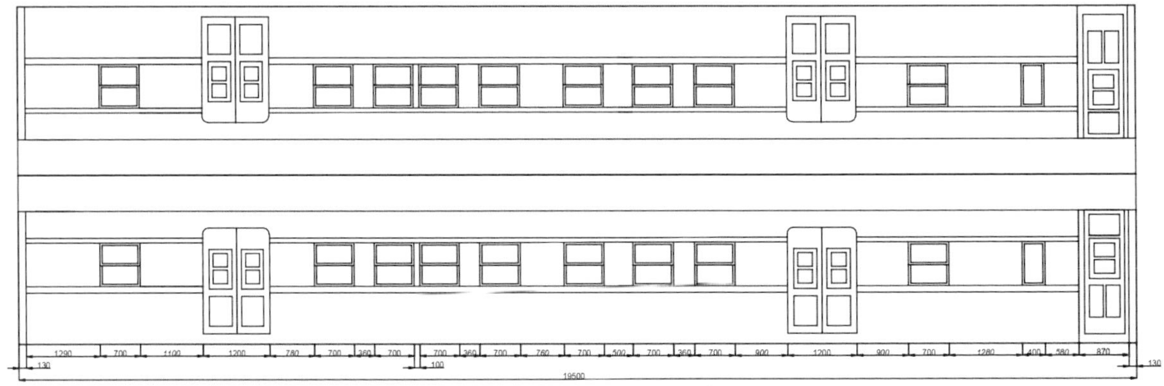

▲マユニ78-Cタイプ：マロネ37形の車体が流用されている(オハ77-Cタイプ)。

オニ70 6(オニ70-Aタイプ)。1-3位側を示す。 1955.9.9 尾久操車場 P：江本廣一

4.7　オニ70形

オニ70形は最初から荷物車として復旧された17m級車である。1～8の8両が落成している。3タイプが確認されている。オニ70 4は1954年事故廃車のため、形態未確認である。

オニ70-Aタイプは客車タイプの公式図面どおり。オニ70-B・Cタイプは戦災前の窓配置が残っている。電車タイプの公式図面もあるが、形態未確認のオニ70 4は客車台枠であるので、実在しなかったと考えられる。

オニ70 3 (オニ70-Aタイプ)。2-4位側を示す。丸屋根のため、一見戦災前のオロハ30形の車体が残っているように見えるが、窓配置は形式図どおりである。
1956.2.2 平 P：瀬古龍雄

■オニ70形 形式図(客車タイプ車体) ここではオニ70-Aタイプとして区分した。

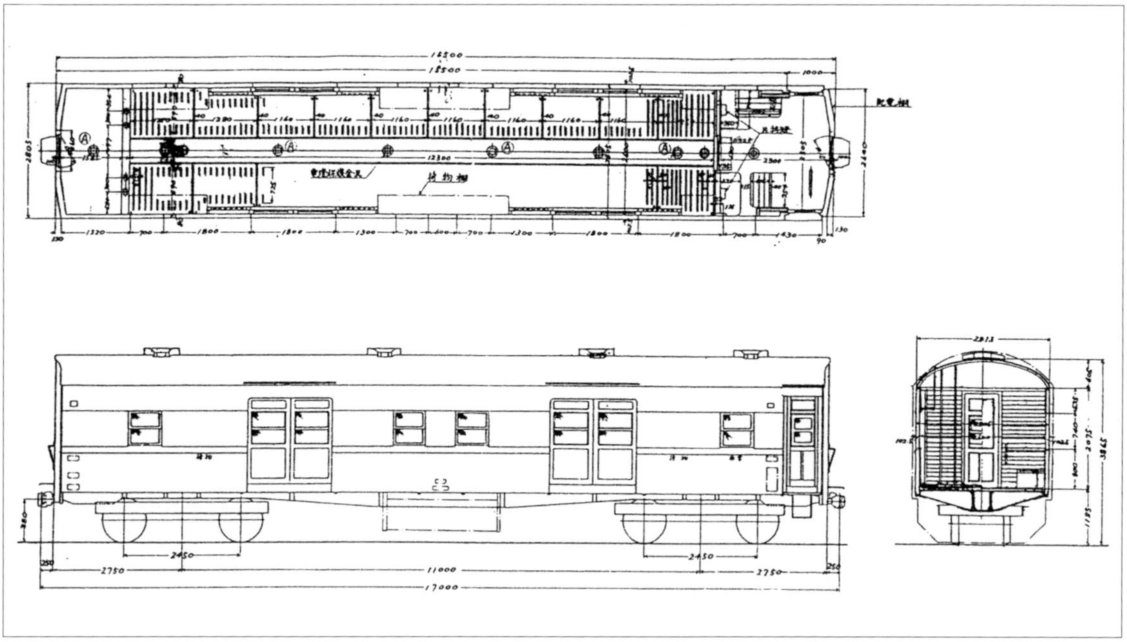

■オニ70形 形式図(電車タイプ車体) このタイプは確認されていない。

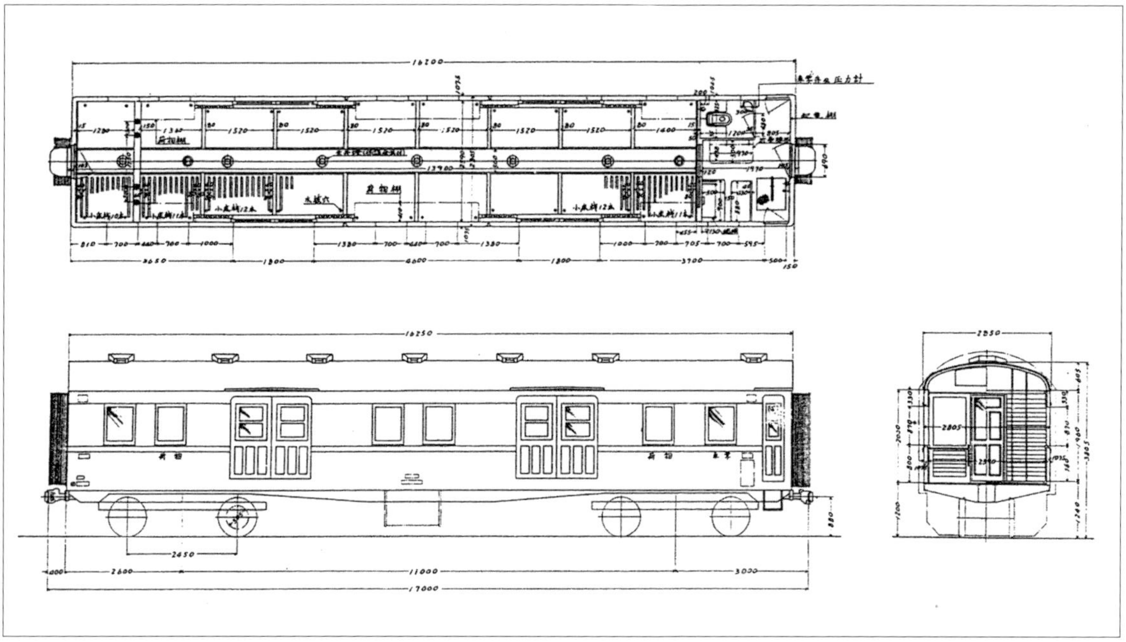

■オニ70形 形態分類表

落成							その後の改造・廃車			
形式番号	妻面・屋根形状	台車	分類	落成年月日	場区	落成配置	最終配置	形式番号	年月日	摘要
オニ 70 1	丸屋根・キャンバス	TR11系	オニ70-Bタイプ	1947. 8. 30	汽車製造東京支店	(新)	新潟		1964. 11. 14	
オニ 70 2	丸屋根・キャンバス	TR11系	オニ70-Cタイプ	1947. 9. 22	汽車製造東京支店	(札)	新潟	オエ 70 30	1962. 9. 30	
オニ 70 3	丸屋根・キャンバス	TR11系	オニ70-Aタイプ	1948. 3. 24	汽車製造東京支店	(新)	長野	オエ 70 1	1961. 3.	
オニ 70 4			未確認	1947. 11. 29	汽車製造東京支店	(札)	尾久		1954. 2. 10	事故
オニ 70 5	直線折妻・キャンバス	TR11系	オニ70-Aタイプ	1948. 2. 6	川崎重工業艦船工場	(新)	長野	オエ 70 21	1962. 11. 1	
オニ 70 6	直線折妻・キャンバス	TR11系	オニ70-Aタイプ	1947. 12. 24	川崎重工業艦船工場	(新)	長野	オエ 70 8	1962. 3. 30	
オニ 70 7	直線折妻・キャンバス	TR11系	オニ70-Aタイプ	1947. 12. 24	川崎重工業艦船工場	(新)	長野	オエ 70 24	1962. 3. 31	
オニ 70 8	直線平妻・キャンバス	TR11系	オニ70-Aタイプ	1948. 11. 12	川崎重工業艦船工場	(新)	長野	オエ 70 9	1961. 12. 20	

元オニ70 3のオエ70 1(複数写真の合成)。1-3位側側面を示す。　1989.11.18 長野工場　P：藤田吾郎

元オニ70 3のオエ70 1(複数写真の合成)。2-4位側側面を示す。　1989.11.18 長野工場　P：藤田吾郎

オニ70 8(オニ70-Aタイプ)。2-4位側を示す。電車台枠流用のため直線切妻になっている。　1958.7.17 長野　P：久保　敏

オニ70 8(オニ70-Aタイプ)。2-4位側を示す。
1949.8　P：菅野浩和

オニ70 1(オニ70-Bタイプ)。2-4位側を示す。オハ31形の窓配置が残る。
1964.1.15 尾久客車区
P：江本廣一

オニ70 2(オニ70-Cタイプ)。2-4位側を示す。オハフ30形の窓配置が残る。
1955.4.10 新潟
P：瀬古龍雄

▲オニ70-Aタイプ：形式図どおりのスタイル。スニ30形と同じ窓配置であるが、前位側の出入り台がない。

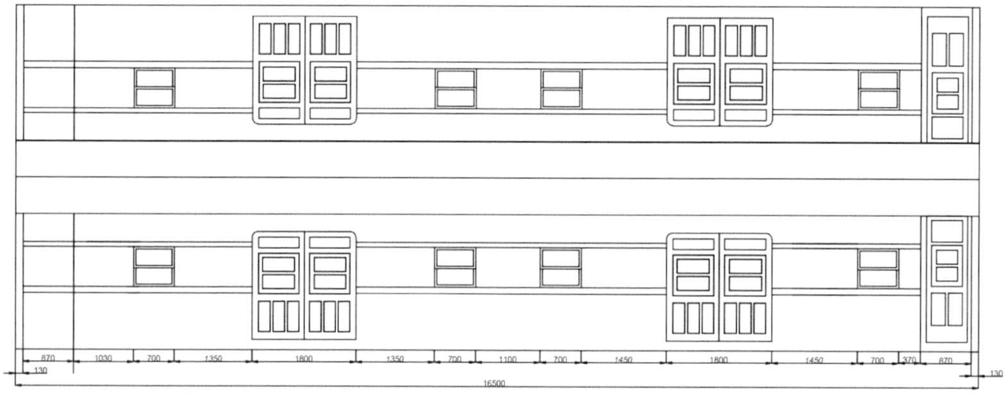

▲オニ70-Bタイプ：オハ31形の車体が流用されている。

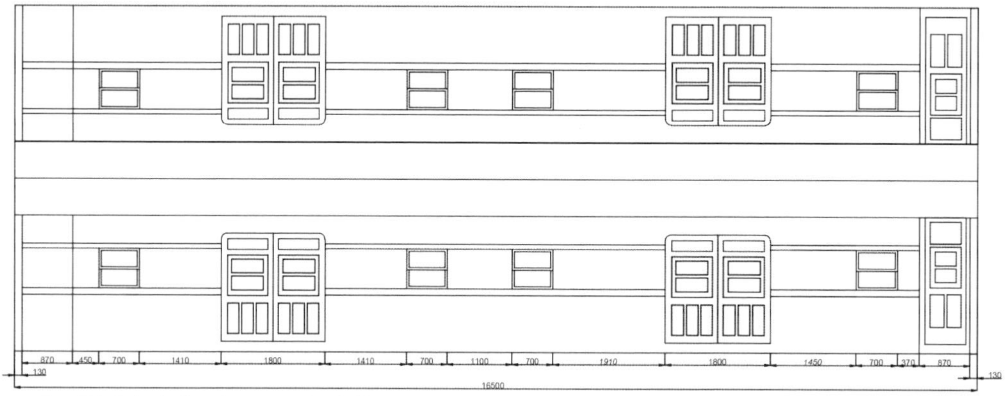

▲オニ70-Cタイプ：オハフ30形の車体が流用されている。

スニ71 16(スニ71-Aタイプ)。2-4位側を示す。

P所蔵：星　晃

4.8　スニ71→マニ71形

スニ71形は最初から荷物車として復旧された２軸ボギー20m級車である。１～17の17両が落成している。また、スニ71 18は当初マニ77 5であったが、誤付番であったと推定される。スタイルは３タイプが確認されている。本形式は1952年度にマニ71形に変更されている。

マニ71-Aタイプは公式図面どおり。マニ71-Bタイプは標準車体の電車からの復旧、マニ76-Cタイプは元クロハ59形のため窓配置が変則で、いずれも復旧前の窓配置が残っている異端車である。

■スニ71形 形式図　ここではスニ71-Aタイプとして区分した。

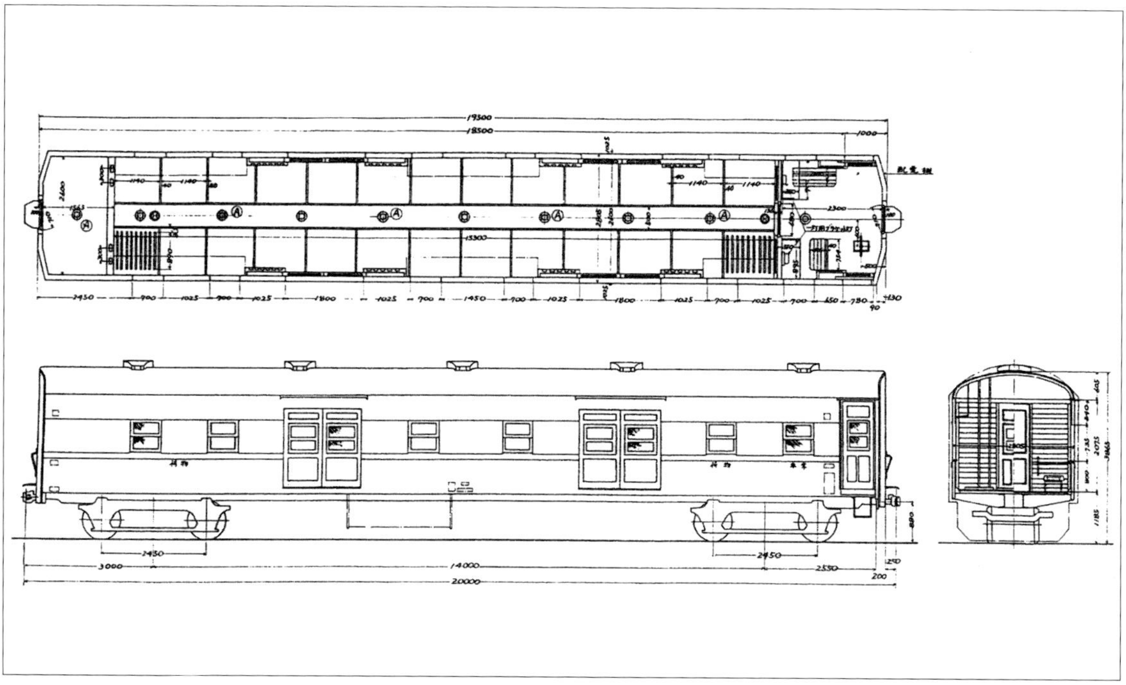

マニ71 10(スニ71-Aタイプ)。1-3位側を示す。 1955.2.2 仙台 P:瀬古龍雄

マニ71 11(スニ71-Aタイプ)。2-4位側を示す。 1954.9.12 新潟客貨車区 P:瀬古龍雄

■スニ71→マニ71形 形態分類表

落成							その後の改造	その後の改造・廃車			
形式番号(当初はスニ)	妻面・屋根形状	台車	分類	落成年月日	場区	落成配置	形式番号	最終配置	形式番号	年月日	摘要
マニ 71 1	直線平妻・キャンバス	TR23系	スニ71-Bタイプ	1947. 10. 22	近畿車両	(札)		新潟	スエ 71 22	1963. 3. 3	
マニ 71 2	直線平妻・キャンバス	TR23系	スニ71-Bタイプ	1947. 10. 31	近畿車両	(札)		新潟		1962. 6. 13	事故
マニ 71 3	直線平妻・キャンバス	TR23系	スニ71-Bタイプ	1947. 11. 25	近畿車両	(札)		新潟	スエ 71 23	1963. 3. 30	
マニ 71 4	直線平妻・キャンバス	TR23系	スニ71-Cタイプ	1947. 11. 29	近畿車両	(札)		新潟	スエ 71 1	1960. 12. 24	
マニ 71 5	直線折妻・キャンバス	TR23系	スニ71-Aタイプ	1948. 3. 9	川崎重工業艦船工場		マニ 71 2005	郡山		1962. 6. 13	
マニ 71 6	直線折妻・キャンバス	TR23系	スニ71-Aタイプ	1948. 3. 9	川崎重工業艦船工場	宮原	マニ 71 2006	盛岡		1966. 7. 6	
マニ 71 7	直線折妻・キャンバス	TR23系	スニ71-Aタイプ	1948. 5. 7	川崎重工業艦船工場	宮原	マニ 71 2007	青森		1965. 11. 4	
マニ 71 8	直線折妻・キャンバス	TR23系	スニ71-Aタイプ	1948. 5. 7	川崎重工業艦船工場	宮原	マニ 71 2008	仙台	スエ 71 36	1963. 3. 30	
マニ 71 9	直線折妻・キャンバス	TR23系	スニ71-Aタイプ	1948. 5. 25	川崎重工業艦船工場	宮原	マニ 71 2009	仙台	スエ 71 37	1963. 3. 30	
マニ 71 10	直線折妻・キャンバス	TR23系	スニ71-Aタイプ	1948. 2. 17	汽車製造東京支店		マニ 71 2010	青森		1966. 6. 11	
マニ 71 11	直線折妻・キャンバス	TR23系	スニ71-Aタイプ	1948. 2. 17	汽車製造東京支店	(新)		新潟		1961. 3. 31	
マニ 71 12	直線折妻・キャンバス	TR23系	スニ71-Aタイプ	1948. 3. 24	汽車製造東京支店	(新)		新潟	スエ 71 45	1963. 10. 28	
マニ 71 13	直線折妻・キャンバス	TR23系	スニ71-Aタイプ	1948. 11. 12	川崎重工業艦船工場	(新)		新潟	スエ 71 57	1964. 2. 23	
マニ 71 14	直線折妻・キャンバス	TR23系	スニ71-Aタイプ	1948. 1. 24	川崎重工業艦船工場	(札)	マニ 71 2014	青森		1966. 6. 11	
マニ 71 15	直線折妻・キャンバス	TR23系	スニ71-Aタイプ	1949. 2. 8	川崎重工業艦船工場	(札)	マニ 71 2015	青森	スエ 71 95	1966. 9. 30	
マニ 71 16	直線折妻・キャンバス	TR23系	スニ71-Aタイプ	1949. 2. 25	川崎重工業艦船工場	(札)	マニ 71 2016	青森		1966. 3. 31	
マニ 71 17	直線折妻・キャンバス	TR23系	スニ71-Aタイプ	1949. 2. 25	川崎重工業艦船工場	(札)	マニ 71 2017	青森		1966. 3. 31	
マニ 71 18	直線平妻・キャンバス	TR23系	スニ71-Aタイプ	1949. 2. 25	改番		マニ 71 2018	隅田川		1967. 9. 28	

マニ71 15(スニ71-Aタイプ)。
2-4位側を示す。
1958.8.3 尾久
P：久保　敏

元マニ71 9(スニ71-Aタイプ)のスエ71 37(複数写真の合成)。1-3位側側面を示す。　1989.9.3 塩釜埠頭　P：藤田吾郎

マニ71 1(スニ71-Bタイプ)。1-3位側を示す。クハ55形の窓配置が残る。　1956.10.28 新潟客貨車区　P：瀬古龍雄

マニ71 2(スニ71-Bタイプ)。
2-4位側を示す。クハ55形の
窓配置が残る。
1956.4.21
新潟客貨車区
P：瀬古龍雄

マニ71 3(スニ71-Bタイプ)。2-4位側を示す。クハ55形の窓配置が残る。
1954.12.29 新潟
P：瀬古龍雄

マニ71 4(スニ71-Cタイプ)。2-4位側を示す。同じくクハ55形からの復旧だがクロハ59時代の変則的な窓配置が残る。
1955.1.23 新潟
P：瀬古龍雄

マニ71 4(スニ71-Cタイプ)。1-3位側を示す。
P：鈴木靖人

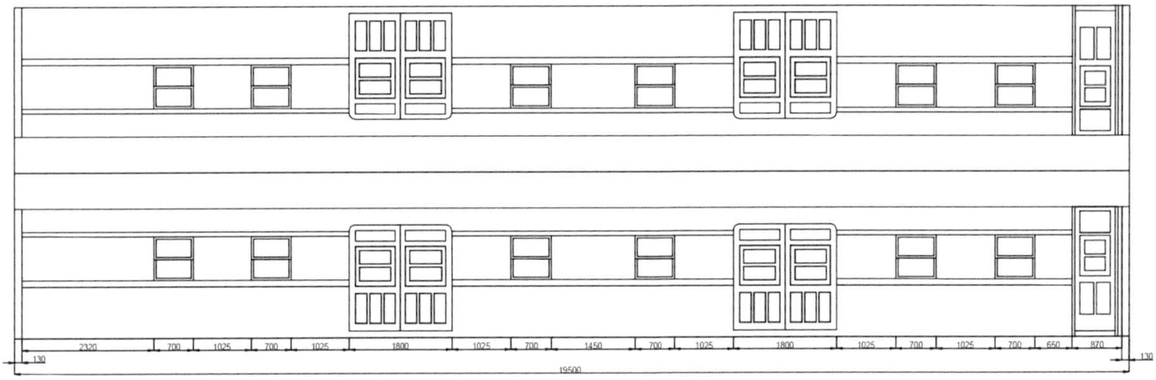

▲スニ71-Aタイプ：形式図どおりのスタイル。

▲スニ71-Bタイプ：クハ55形の車体が流用されている。

▲参考・スニ71-Bタイプの復旧前のクハ55形

▲スニ71-Cタイプ：クハ55形(元クロハ59形)の車体が流用されている。元クロハのため窓配置が変則である。

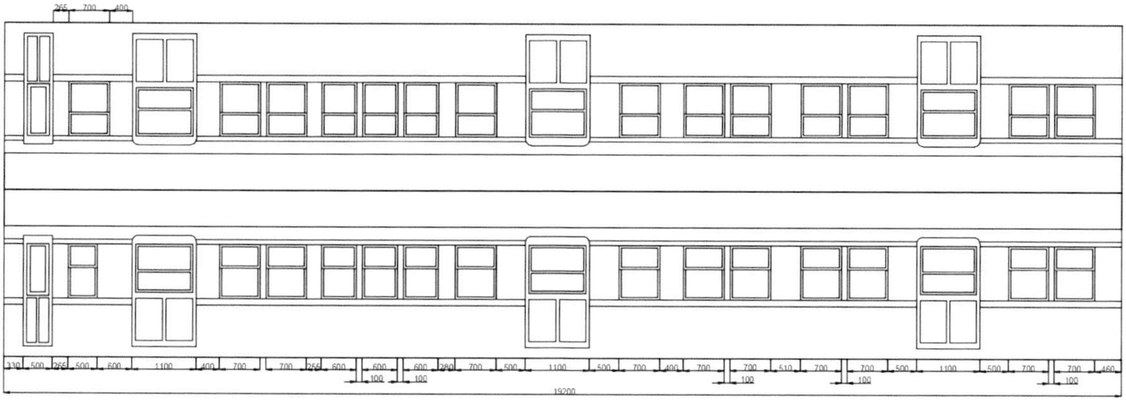

▲参考・スニ71-Cタイプの復旧前のクハ55形(元クロハ59形)

マニ72 5(マニ72-Aタイプ)。1-3位側を示す。TR23系を履いていた。全車このように直線平妻である。
1955.2.2 仙台
P：瀬古龍雄

4.9 マニ72形

マニ72形は最初から荷物車として復旧された２軸ボギー20m級車である。１～25の25両が落成している。形式図どおりの１タイプしかない。

マニ72 5(マニ72-Aタイプ)。1-3位側を示す。台車がTR23系からTR11系(TR12)に交換されている。
1959.2.1 京都　P：筏井満喜夫

マニ72 18(マニ72-Aタイプ)。
1-3位側を示す。
1957.3.16 門司
P：久保　敏

マニ72 12(マニ72-Aタイプ)。
2-4位側を示す。
1963.1.3 鳥栖
P：沢柳健一

▲マニ72-Aタイプ：形式図どおりのスタイル。

■マニ72形 形式図

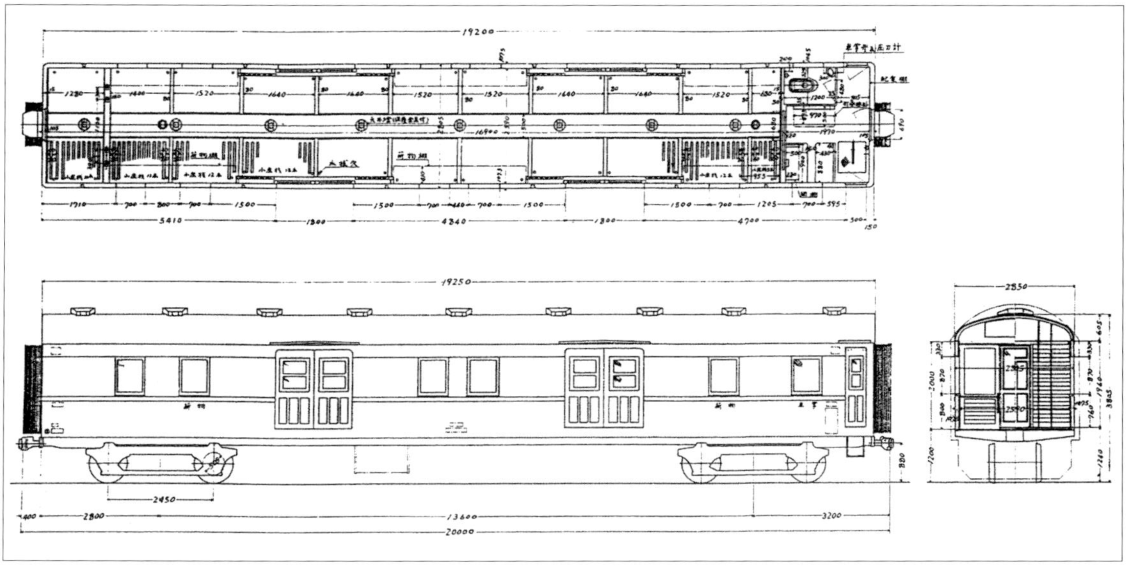

■マニ72形 形態分類表

落成							その後の改造	その後の改造・廃車		
形式番号	妻面・屋根形状	台車	分類	落成年月日	場区	落成配置	形式番号	最終配置	形式番号	年月日
マニ 72 1	直線平妻・キャンバス	TR23系	マニ72-Aタイプ	1950. 2. 8	富士産業宇都宮工場	品川	マニ 72 2001	仙台	スエ 71 99	1966. 9. 29
マニ 72 2	直線平妻・キャンバス	TR23系	マニ72-Aタイプ	1950. 2. 15	富士産業宇都宮工場	品川	マニ 72 2002	新庄	スエ 71 100	1967. 3. 31
マニ 72 3	直線平妻・キャンバス	TR23系	マニ72-Aタイプ	1950. 2. 20	富士産業宇都宮工場	品川	マニ 72 2003	新庄		1967. 7. 20
マニ 72 4	直線平妻・キャンバス	TR23系	マニ72-Aタイプ	1950. 2. 25	富士産業宇都宮工場	尾久	マニ 72 2004	新庄	スエ 71 101	1967. 3. 31
マニ 72 5	直線平妻・キャンバス	TR11系	マニ72-Aタイプ	1950. 2. 25	富士産業宇都宮工場	尾久		京都	スエ 71 14	1962. 3. 31
マニ 72 6	直線平妻・キャンバス	TR23系	マニ72-Aタイプ	1950. 2. 11	汽車製造東京支店	尾久		京都	スエ 71 5	1966. 12. 8
マニ 72 7	直線平妻・キャンバス	TR23系	マニ72-Aタイプ	1950. 2. 11	汽車製造東京支店	尾久		仙台	スエ 71 71	1965. 2. 27
マニ 72 8	直線平妻・キャンバス	TR23系	マニ72-Aタイプ	1950. 2. 11	汽車製造東京支店	尾久		名古屋		1965. 11. 4
マニ 72 9	直線平妻・キャンバス	TR23系	マニ72-Aタイプ	1950. 2. 11	汽車製造東京支店	鹿児島		門司		1967. 1. 5
マニ 72 10	直線平妻・キャンバス	TR23系	マニ72-Aタイプ	1950. 2. 11	汽車製造東京支店	長崎		門司		1967. 6. 28
マニ 72 11	直線平妻・キャンバス	TR23系	マニ72-Aタイプ	1950. 2. 3	新日国工業	熊本		門司		1967. 12. 20
マニ 72 12	直線平妻・キャンバス	TR23系	マニ72-Aタイプ	1950. 2. 3	新日国工業	熊本		門司		1967. 10. 7
マニ 72 13	直線平妻・キャンバス	TR23系	マニ72-Aタイプ	1950. 2. 6	新日国工業	門司港		門司		1967. 10. 19
マニ 72 14	直線平妻・キャンバス	TR23系	マニ72-Aタイプ	1950. 2. 13	新日国工業	熊本		門司		1967. 10. 25
マニ 72 15	直線平妻・キャンバス	TR23系	マニ72-Aタイプ	1950. 2. 13	新日国工業	竹下		鳥栖	スエ 71 6	1966. 12. 5
マニ 72 16	直線平妻・キャンバス	TR23系	マニ72-Aタイプ	1950. 1. 31	日本海船渠	名古屋		名古屋	スエ 71 64	1964. 11. 30
マニ 72 17	直線平妻・キャンバス	TR23系	マニ72-Aタイプ	1950. 1. 31	日本海船渠	名古屋		糸魚川	スエ 71 65	1964. 11. 21
マニ 72 18	直線平妻・キャンバス	TR23系	マニ72-Aタイプ	1950. 1. 31	日本海船渠	名古屋		金沢	スエ 71 66	1964. 11. 30
マニ 72 19	直線平妻・キャンバス	TR23系	マニ72-Aタイプ	1950. 1. 31	日本海船渠	(門)		門司港		1962. 2. 9
マニ 72 20	直線平妻・キャンバス	TR23系	マニ72-Aタイプ	1950. 1. 31	日本海船渠	(門)		門司		1967. 7. 25
マニ 72 21	直線平妻・キャンバス	TR23系	マニ72-Aタイプ	1950. 1. 31	帝国車両工業	宮原		新庄	スエ 71 72	1965. 2. 25
マニ 72 22	直線平妻・キャンバス	TR23系	マニ72-Aタイプ	1950. 1. 31	帝国車両工業	宮原		品川	スエ 71 85	1965. 3. 31
マニ 72 23	直線平妻・キャンバス	TR23系	マニ72-Aタイプ	1950. 1. 31	帝国車両工業	宮原		(仙)	スエ 71 73	1965. 3. 20
マニ 72 24	直線平妻・キャンバス	TR23系	マニ72-Aタイプ	1950. 1. 31	帝国車両工業	熊本		門司		1967. 7. 25
マニ 72 25	直線平妻・キャンバス	TR23系	マニ72-Aタイプ	1950. 1. 31	帝国車両工業	熊本		門司		1967. 3. 8

スニ73 9(スニ73-Aタイプ)。1-3位側を示す。　1957.1.25　門司　P：久保　敏

4. 10　スニ73形

スニ73形はオハ70形のうち、電車形車体のものが種車となっている。1～34の34両が登場している。スタイルは2タイプがある。なおスニ73 1は1955年事故廃車のため未確認である。

スニ73-Aタイプは公式図面どおり。電車形車体であるが、旧車体は流用されず、新製されていると考えられる。スニ73-Bタイプはモハ30形（鋼製電車）から復旧したオハ70形の改造車であり、車体長が異なるだけではなく、4両いずれも復旧前の窓配置が残っている。

■スニ73形 形態分類表

落成							その後の改造・廃車			
形式番号	妻面・屋根形状	台車	分類	落成年月日	場区	落成配置	最終配置	形式番号	年月日	摘要
スニ 73 1	直線折妻・キャンバス	TR11系	スニ73-Aタイプ	1950. 7.	松任	(名)	米原		1955. 10. 24	事故
スニ 73 2	直線折妻・キャンバス	TR11系	スニ73-Aタイプ	1950. 7.	松任	(名)	長野	オエ 70 20	1963. 2. 1	
スニ 73 3	直線折妻・キャンバス	TR11系	スニ73-Aタイプ	1950. 8.	松任	(名)	名古屋	オエ 70 2	1961. 3.	
スニ 73 4	直線折妻・キャンバス	TR11系	スニ73-Aタイプ	1950. 6.	西鹿児島	(名)	名古屋	オエ 70 23	1962. 7. 31	
スニ 73 5	直線折妻・キャンバス	TR11系	スニ73-Bタイプ	1950. 6.	松任	(名)	名古屋	オエ 70 11	1962. 3. 30	
スニ 73 6	直線折妻・キャンバス	TR11系	スニ73-Bタイプ	1950. 7.	松任	(名)	名古屋	オエ 70 43	1964. 2. 29	
スニ 73 7	直線折妻・キャンバス	TR11系	スニ73-Aタイプ	1950. 7.	松任	(名)	名古屋	オエ 70 40	1964. 2. 29	
スニ 73 8	直線折妻・キャンバス	TR11系	スニ73-Aタイプ	1950. 7.	松任	(名)	名古屋	オエ 70 3	1961. 3.	
スニ 73 9	直線折妻・キャンバス	TR11系	スニ73-Aタイプ	1950. 7.	松任	(名)	名古屋	オヤ 70 1	1962. 3. 30	
スニ 73 10	直線折妻・キャンバス	TR11系	スニ73-Aタイプ	1950. 6.	松任	(名)	名古屋	オエ 70 4	1961. 3.	
スニ 73 11	直線折妻・キャンバス	TR11系	スニ73-Aタイプ	1950. 9. 12	後藤	(名)	向日町	オエ 70 17	1962. 3. 30	
スニ 73 12	直線折妻・キャンバス	TR11系	スニ73-Aタイプ	1950. 8.	後藤	(名)	宮原	オエ 70 16	1962. 3. 14	
スニ 73 13	直線折妻・キャンバス	TR11系	スニ73-Aタイプ	1950. 8.	後藤	(名)	八代	オエ 70 47	1964. 3. 31	
スニ 73 14	直線折妻・キャンバス	TR11系	スニ73-Aタイプ	1950. 9.	後藤	(名)	門司港	オエ 70 58	1965. 12. 27	
スニ 73 15	直線折妻・キャンバス	TR11系	スニ73-Aタイプ	1950. 8.	後藤	(仙)	下関		1966. 3. 24	
スニ 73 16	直線折妻・キャンバス	TR11系	スニ73-Aタイプ	1950. 8.	後藤	(仙)	下関		1966. 3. 24	
スニ 73 17	直線折妻・キャンバス	TR11系	スニ73-Aタイプ	1950. 8.	後藤	(仙)	(静)	オエ 70 10	1962. 3. 16	
スニ 73 18	直線折妻・キャンバス	TR11系	スニ73-Aタイプ	1950. 9.	後藤	(仙)	金沢	オエ 70 26	1963. 1. 30	
スニ 73 19	直線折妻・キャンバス	TR11系	スニ73-Aタイプ	1950. 8.	後藤	(仙)	宮原	オエ 70 48	1964. 2. 29	
スニ 73 20	直線折妻・キャンバス	TR11系	スニ73-Aタイプ	1950. 8.	後藤	(仙)	宮原	オエ 70 28	1962. 8. 11	
スニ 73 21	直線折妻・キャンバス	TR11系	スニ73-Aタイプ	1950. 9.	後藤	青森	下関	オエ 70 38	1964. 2. 9	
スニ 73 22	直線折妻・キャンバス	TR11系	スニ73-Aタイプ	1950. 9.	後藤	青森	飯田町		1961. 10. 16	
スニ 73 23	直線折妻・キャンバス	TR11系	スニ73-Aタイプ	1950. 9.	後藤	(釧)	下関	オエ 70 63	1966. 10. 7	
スニ 73 24	直線折妻・キャンバス	TR11系	スニ73-Aタイプ	1950. 8.	後藤	(釧)	新潟	オエ 70 6	1961. 6. 24	
スニ 73 25	直線折妻・キャンバス	TR11系	スニ73-Bタイプ	1950. 9. 13	後藤	(大)	京都	オエ 70 5	1961. 3. 6	
スニ 73 26	直線折妻・キャンバス	TR11系	スニ73-Aタイプ	1950. 7. 24	西鹿児島	(大)	京都		1961. 2. 15	
スニ 73 27	直線折妻・キャンバス	TR11系	スニ73-Aタイプ	1950. 8. 29	西鹿児島	(大)	宮原	オエ 70 49	1964. 2. 29	
スニ 73 28	直線折妻・キャンバス	TR11系	スニ73-Aタイプ	1950. 8. 23	西鹿児島	(大)	京都		1961. 2. 11	
スニ 73 29	直線折妻・キャンバス	TR11系	スニ73-Aタイプ	1950. 7.	西鹿児島	(東)	上野	オエ 70 37	1963. 11. 29	
スニ 73 30	直線折妻・キャンバス	TR11系	スニ73-Aタイプ	1950. 6.	西鹿児島	(釧)	上野		1964. 7. 1	
スニ 73 31	直線折妻・キャンバス	TR11系	スニ73-Aタイプ	1950. 6.	西鹿児島	(釧)	青森	オエ 70 15	1962. 3. 31	
スニ 73 32	直線折妻・キャンバス	TR11系	スニ73-Aタイプ	1950. 6.	西鹿児島	(熊)	八代		1961. 3. 1	
スニ 73 33	直線折妻・キャンバス	TR11系	スニ73-Bタイプ	1950. 8.	西鹿児島	(熊)	(門)	オエ 70 46	1964. 3. 31	
スニ 73 34	直線折妻・キャンバス	TR11系	スニ73-Aタイプ	1950. 8.	西鹿児島	(門)	門司港	オエ 70 59	1966. 3. 31	

■スニ73形 形式図　スニ73-Aタイプとして区分した。

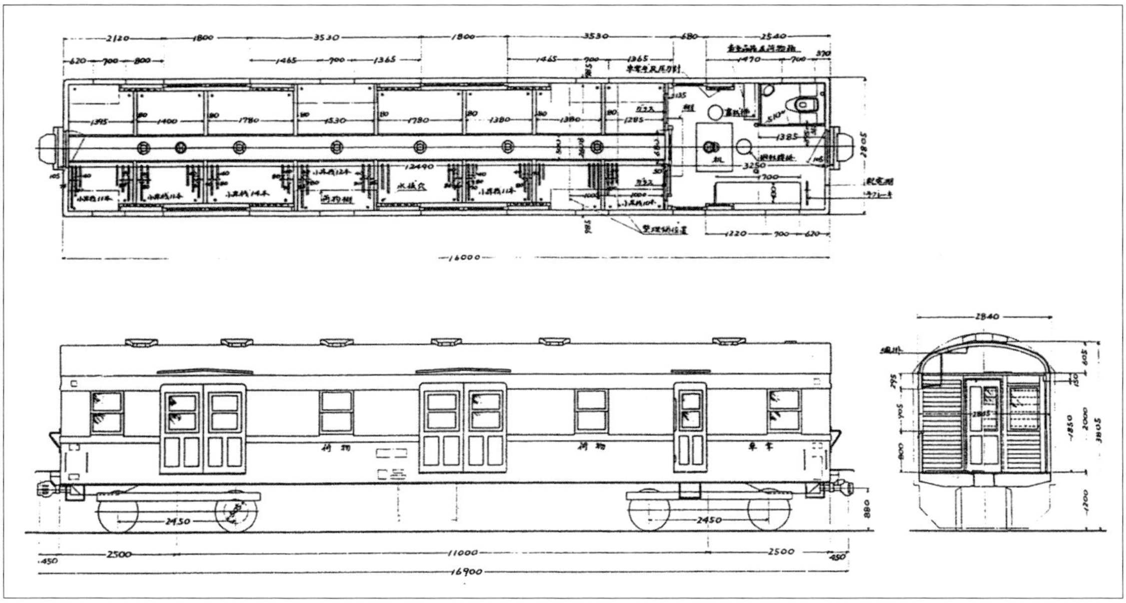

スニ73 26(スニ73-Aタイプ)。2-4位側を示す。
1957.7.14　宮崎
P：久保　敏

元スニ73 12(スニ73-Aタイプ)改造のオエ70 16(複数写真の合成)。1-3位側側面を示す。
1989.3.23　姫路
P：藤田吾郎

元スニ73 31(スニ73-Aタイプ)改造のオエ70 15(複数写真の合成)。2-4位側側面を示す。
1989.9.5　北上操車場
P：藤田吾郎

スニ73 5(スニ73-Bタイプ)。1-3位側を示す。松任工場にて落成時の撮影。モハ30形の車体が残る。　1950.6　P所蔵：星　晃

スニ73 6(スニ73-Bタイプ)。1-3位側を示す。モハ30形の車体が残る。整備直後の美しい姿。　P：鈴木靖人

スニ73 6(スニ73-Bタイプ)。2-4位側を示す。　P：鈴木靖人

スニ73 33(スニ73-Bタイプ)。1-3位側を示す。モハ30形の車体が残る。 1957.2.27 門司 P：久保 敏

▲スニ73-Aタイプ：公式図面どおりのスタイル。

▲スニ73-Bタイプ：鋼体化車であるモハ30形を種車とするオハ70形からの改造。スニ73-Aタイプに準じるスタイルである。

マニ74 55(マニ74-Aタイプ)。1-3位側を示す。　1964.9.13 京都　P：荻原俊夫

4. 11　マニ74形

マニ74形はオハ71形から改造された荷物車の中でも車端出入台がないタイプである。1～14は電車形車体(12・13は除く)、50～81は客車形車体で分かれていて、46両が落成している。スタイルは5タイプに分かれる。

マニ74-A・Bタイプはオハ71形標準車体車(客車タイプ車体)からの改造で、便所の位置違いがそのまま残っている。マニ74-Cタイプはオハ71形標準車体車(電車タイプ車体)からの改造であり、公式図面どおりであるが、実態はマニ74 14のみである。この窓数が少ないマニ74-Dタイプは10両ある。マニ74-Eタイプはモハ60形の復旧前の窓配置が残っている異端車である。

■マニ74形 形式図(客車タイプ車体)　標準車体車のうち、便所が3位のタイプが図面化されている。ここではマニ74-Bタイプとして区分した。

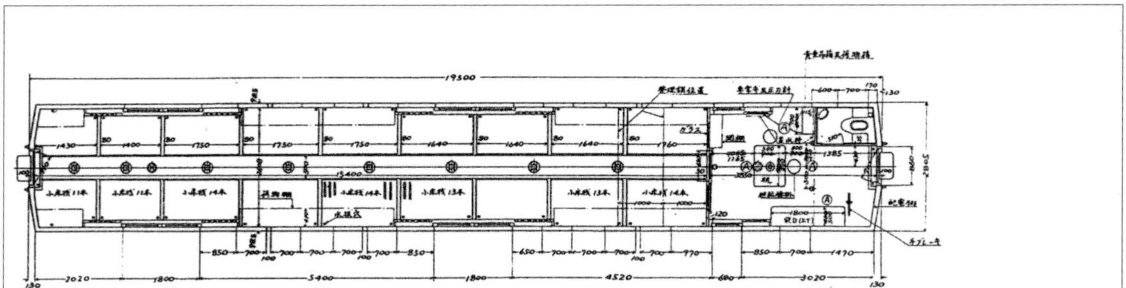

■マニ74形 形式図（電車タイプ車体） ここではマニ74-Cタイプとして区分した。

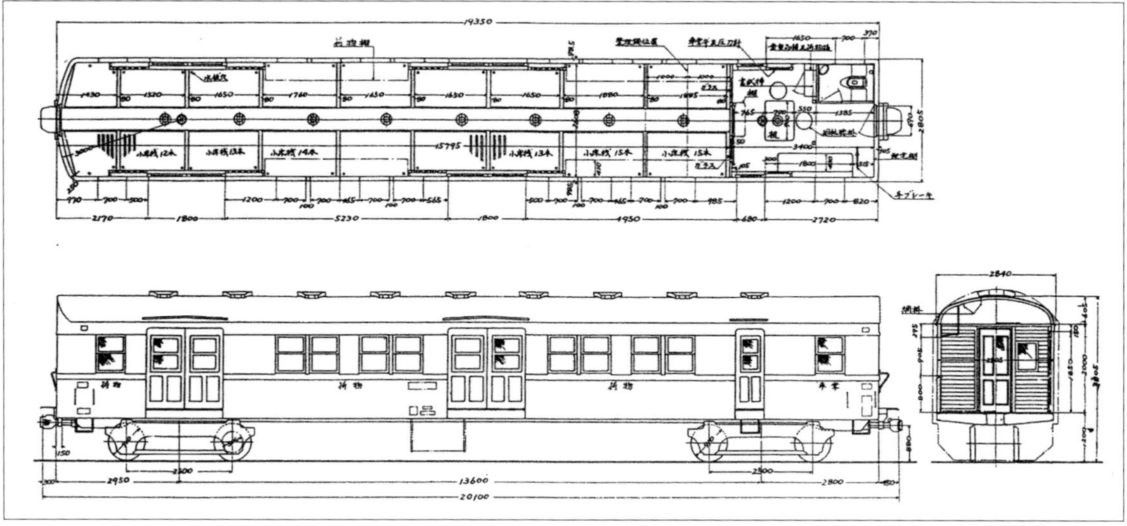

■マニ74形 形態分類表

落成							その後の改造	その後の改造・廃車			
形式番号	妻面・屋根形状	台車	分類	落成年月日	場区	落成配置	形式番号	最終配置	形式番号	年月日	摘要
マニ 74 1	直線切妻・キャンバス	TR23系	マニ74-Dタイプ	1950. 8.	西鹿児島	竜華		宮原		1960. 10. 15	
マニ 74 2	半流・キャンバス	TR23系	マニ74-Dタイプ	1950. 8.	西鹿児島	竜華		宮原	スエ 71 2	1961. 3. 14	
マニ 74 3	直線切妻・キャンバス	TR23系	マニ74-Dタイプ	1950. 7.	西鹿児島	竜華		竜華	スエ 71 4	1962. 3. 7	
マニ 74 4	直線切妻・キャンバス	TR23系	マニ74-Dタイプ	1950. 7.	西鹿児島	竜華		竜華	スエ 71 16	1962. 3. 29	
マニ 74 5	直線切妻・キャンバス	TR23系	マニ74-Dタイプ	1950. 7.	西鹿児島	竜華		竜華		1966. 8. 15	
マニ 74 6	直線切妻・キャンバス	TR23系	マニ74-Dタイプ	1950. 9.	西鹿児島	竜華		竜華		1966. 9. 22	
マニ 74 7	直線切妻・キャンバス	TR23系	マニ74-Dタイプ	1950. 8.	西鹿児島	竜華		竜華		1965. 2. 13	
マニ 74 8	半流・キャンバス	TR23系	マニ74-Dタイプ	1950. 9.	西鹿児島	(大)		岡山		1965. 2. 13	
マニ 74 9	直線切妻・キャンバス	TR23系	マニ74-Dタイプ	1950. 8.	西鹿児島	(門)		竜華		1964. 8. 15	
マニ 74 10	半流・キャンバス	TR23系	マニ74-Eタイプ	1950. 8.	西鹿児島	(門)		門司港	スエ 71 59	1964. 2. 13	
マニ 74 11	直線切妻・キャンバス	TR23系	マニ74-Dタイプ	1950. 8.	西鹿児島	(門)		門司港	スエ 71 83	1965. 3. 31	
マニ 74 12	半流・キャンバス・妻面帯なし	TR23系	マニ74-Bタイプ	1951. 4. 13	高砂	(門)		(札)	スエ 71 56	1964. 3. 31	
マニ 74 13	半流・キャンバス・妻面帯なし	TR23系	マニ74-Bタイプ	1951. 4. 13	高砂	(熊)		門司港	スエ 71 88	1965. 9. 25	
マニ 74 14	半流・キャンバス	TR23系	マニ74-Cタイプ	1952. 3. 29	高砂	(岡)		品川		1965. 9. 14	
マニ 74 50	直線折妻・キャンバス	TR23系	マニ74-Aタイプ	1950. 7.	松任	尾久		松本		1967. 10. 26	
マニ 74 51	直線折妻・キャンバス	TR23系	マニ74-Aタイプ	1950. 7.	松任	尾久		名古屋	スエ 71 86	1965. 8. 17	
マニ 74 52	直線折妻・キャンバス	TR23系	マニ74-Aタイプ	1950. 8.	松任	尾久		(盛)	スエ 71 74	1965. 1. 30	
マニ 74 53	直線折妻・キャンバス	TR23系	マニ74-Aタイプ	1950. 8.	松任	尾久		(盛)	スエ 71 75	1965. 3. 31	
マニ 74 54	直線折妻・キャンバス	TR23系	マニ74-Aタイプ	1950. 8.	松任	尾久		上野		1964. 7. 1	
マニ 74 55	直線折妻・キャンバス	TR23系	マニ74-Aタイプ	1951. 5. 9	後藤	(新)		品川	スエ 71 102	1967. 3. 31	
マニ 74 56	直線折妻・キャンバス	TR11系	マニ74-Aタイプ	1951. 6. 20	後藤	品川		上野	スエ 71 28	1963. 3. 30	
マニ 74 57	直線折妻・キャンバス	TR23系	マニ74-Aタイプ	1951. 6. 26	後藤	品川		上野	スエ 71 27	1963. 3. 20	
マニ 74 58	直線折妻・キャンバス	TR23系	マニ74-Aタイプ	1951. 6. 20	後藤	品川		上野	スエ 71 38	1963. 6. 28	
マニ 74 59	直線折妻・キャンバス	TR23系	マニ74-Aタイプ	1951. 6. 16	後藤	品川		上野	スエ 71 39	1963. 10. 2	
マニ 74 60	直線折妻・キャンバス	TR23系	マニ74-Aタイプ	1951. 7. 6	後藤	尾久		(盛)	スエ 71 76	1965. 2. 1	
マニ 74 61	直線折妻・キャンバス	TR23系	マニ74-Aタイプ	1951. 7. 23	後藤	尾久		(盛)	スエ 71 77	1965. 2. 19	
マニ 74 62	直線折妻・キャンバス	TR23系	マニ74-Aタイプ	1951. 6. 9	後藤	尾久		(盛)	スエ 71 78	1965. 3. 12	
マニ 74 63	直線折妻・キャンバス	TR23系	マニ74-Aタイプ	1951. 8. 28	後藤	尾久		(盛)	オル 71 101	1961. 3.	
マニ 74 64	直線折妻・キャンバス	TR23系	マニ74-Aタイプ	1951. 9. 10	後藤	宮原		竜華		1966. 3. 31	
マニ 74 65	直線折妻・キャンバス	TR23系	マニ74-Aタイプ	1952. 3. 26	高砂	宮原		宮原	スエ 71 15	1962. 3. 31	AC 有
マニ 74 66	直線折妻・キャンバス	TR11系	マニ74-Aタイプ	1951. 4. 14	高砂	宮原		尾久	スエ 71 84	1965. 3. 31	
マニ 74 67	直線折妻・キャンバス	TR11系	マニ74-Aタイプ	1951. 12. 20	高砂	宮原		(盛)	スエ 71 79	1965. 2. 1	
マニ 74 68	直線折妻・キャンバス	TR23系	マニ74-Aタイプ	1951. 6. 14	高砂	宮原		広島		1967. 9. 30	
マニ 74 69	直線折妻・キャンバス	TR23系	マニ74-Aタイプ	1951. 4. 30	高砂	宮原		宮原	スエ 71 17	1962. 1. 30	
マニ 74 70	直線折妻・キャンバス	TR23系	マニ74-Bタイプ	1952. 3. 20	高砂	宮原		竜華	スエ 71 69	1964. 12. 26	
マニ 74 71	直線折妻・キャンバス	TR23系	マニ74-Bタイプ	1951. 6. 11	高砂	竜華		竜華	スエ 71 30	1963. 3. 30	
マニ 74 72	直線折妻・キャンバス	TR23系	マニ74-Aタイプ	1951. 6. 25	高砂	竜華		新見	スエ 71 44	1963. 11. 9	
マニ 74 73	直線折妻・キャンバス	TR23系	マニ74-Bタイプ	1951. 4. 27	高砂	竜華		名古屋		1966. 6. 9	
マニ 74 74	直線折妻・キャンバス	TR23系	マニ74-Bタイプ	1951. 6. 19	高砂	竜華		名古屋		1966. 6. 9	
マニ 74 75	直線折妻・キャンバス	TR23系	マニ74-Bタイプ	1951. 6. 21	高砂	名古屋		金沢	スエ 71 67	1964. 11. 2	
マニ 74 76	直線折妻・キャンバス	TR23系	マニ74-Bタイプ	1951. 12. 25	高砂	秋田		福島	オル 71 102	1961. 2.	
マニ 74 77	直線折妻・キャンバス	TR23系	マニ74-Bタイプ	1951. 6. 27	高砂	秋田		福島	オル 71 103	1961. 3.	
マニ 74 78	直線折妻・キャンバス	TR23系	マニ74-Bタイプ	1951. 6. 13	高砂	浜松		門司		1965. 12. 16	
マニ 74 79	直線折妻・キャンバス	TR23系	マニ74-Bタイプ	1951. 6. 13	高砂	青森	マニ 74 2079	尾久		1966. 6. 11	
マニ 74 80	直線折妻・キャンバス	TR23系	マニ74-Aタイプ	1951. 6. 18	高砂	(新)		尾久	スエ 71 103	1967. 3. 31	
マニ 74 81	直線折妻・キャンバス	TR23系	マニ74-Bタイプ	1952. 3. 17	高砂	青森	マニ 74 2081	尾久		1962. 2. 28	

※AC有：アンチクライマーあり

マニ74 56(マニ74-Aタイプ)。1-3位側を示す。TR11系台車を履く。　1957.6.14 門司　P：久保　敏

マニ74 58(マニ74-Aタイプ)。1-3位側を示す。上に掲載のマニ74 56と同様の構造だが、車体標記の位置が異なる。
1957.3.16 門司　P：久保　敏

元マニ74 67(マニ74-Aタイプ)改造のスエ71 79。2-4位側を示す。　1980.12.13 長町　P：掘井純一

マニ74 12(マニ74-Bタイプ)。1-3位側を示す。客車タイプ車体であるが、電車台枠流用のため前位側は半流である。
1957.5.28 長崎　P：久保　敏

元マニ74 71(マニ74-Bタイプ)改造のスエ71 30(複数写真の合成)。2-4位側側面を示す。　1987.9.19 鷹取工場　P：野村一夫

元マニ 74 75(マニ 74-Bタイプ)であるスエ 71 68(二代目車体・複数写真の合成)。元々はマニ76 10(マニ76-Bタイプ)改造であったが、途中でスエ 71 67の廃車車体から振り替えられて、このような姿になった。1-3位側側面を示す。　高岡　P：野村一夫

マニ74 13(マニ74-Bタイプ)。1-3位側を示す。こちらも前頁のマニ74 12と同様、電車台枠流用のため前位側は半流である。後位側は完全切妻となっている。
P：葛　英一

マニ74 14(マニ74-Cタイプ)。2-4位側を示す。
1957.2.22 門司　P：久保　敏

マニ74 14(マニ74-Cタイプ)。1-3位側を示す。
P：鈴木靖人

マニ74 1(マニ74-Dタイプ)。1-3位側を示す。　1957.2.19 門司　P：久保　敏

マニ74 11(マニ74-Dタイプ)。1-3位側を示す。　1957.5.28 長崎　P：久保　敏

マニ74 6(マニ74-Dタイプ)。2-4位側を示す。　1959.5.2 品川客車区　P：久保　敏

元マニ74 2(マニ74-Dタイプ)のスエ71 2(複数写真の合成)。2-4位側側面を示す。少しわかりにくいが前位側(写真左側)は半流である。
1987.3.12 宮原機関区 P：野村一夫

元マニ74 3(マニ74-Dタイプ)のスエ71 4(複数写真の合成)。1-3位側側面を示す。 1988.7 亀山 P：野村一夫

元マニ74 4(マニ74-Dタイプ)のスエ71 16(複数写真の合成)。1-3位側側面を示す。晩年のためか窓の保護棒が失われている。P：野村一夫

元マニ74 4(マニ74-Dタイプ)のスエ71 16(複数写真の合成)。2-4位側側面を示す。 1985.5.5 亀山 P：野村一夫

元マニ74 4のスエ71 16。2-4位側を示す。救援車改造後も、床下機器を除けば、荷物車時代の雰囲気が色濃く残っていた。
1971.8.3 亀山 P：荻原俊夫

マニ74 9(マニ74-Dタイプ)。
2-4位側を示す。
1957.5.13 門司港
P：久保　敏

マニ74 10(マニ74-Eタイプ)。1-3位側を示す。当車だけは電車(モハ60形)の車体流用である。半流の台枠もそのまま残る。　P：鈴木靖人

▲マニ74-Aタイプ：便所が４位側にあるオハ71形標準車からの改造(オハ71-Aタイプ)。

▲マニ74-Bタイプ：便所が３位側にあるオハ71形標準車からの改造（オハ71-Bタイプ）。

▲マニ74-Cタイプ：元電車のオハ71形標準車からの改造（オハ71-Cタイプ）。

▲マニ74-Dタイプ：こちらも元電車のオハ71形標準車からの改造だが、中央扉両側の窓がない。

▲マニ74-Eタイプ：元電車のオハ71形からの改造（オハ71-Kタイプ）。モハ60形の窓配置が残っている。

Column　70系戦災復旧客車の編成記録

資料作成：千代村資夫

鉄道友の会客車気動車研究会会報に掲載された編成記録をもとに、代表的な編成例をまとめた。

1　1949.8.4　吉浦

601レ　呉線

C 59 191	[広二]
マハ 47 104	広ヒロ
オハ 35 967	広ヒロ
オハフ 33 334	広ヒロ
オハ 70 7	**広ヒロ**
オハ 71 57	**広ヒロ**
オハ 71 58	**広ヒロ**
オハ 71 28	**広ヒロ**
オハ 35 998	**広ヒロ**
オハ 70 8	**広ヒロ**
オハ 70 9	**広ヒロ**
オハフ 33 335	広ヒロ

2　1950.10.2　東京

333レ　東京→豊橋

EF 56 6	[浜]
オハニ 30 8	名ハツ
スハ 32 214	名シツ
オハ 41 47	名シツ
オハ 71 86	**名シツ**
オハ 71 102	**名シツ**
オハ 71 87	**名シツ**
スハフ 32 26	名シツ
スハ 32 404	名ハツ
スハフ 32 245	名ハツ
スハフ 32 136	東シナ

3　1950.10.2　東京

35レ 急行　東京→長崎

EF 55 2	[浜]
スニ 73 34	**門サキ**
マユ 33 7	東シナ
オロ 31 113	門トス
オロ 31 11	門サキ
オハ 35 660	門サキ
オハ 35 1291	門サキ
オハフ 33 599	門サキ
オハ 35 1032	門ハヤ
オハフ 33 343	門ハヤ
オハフ 33 560	門トス
オハフ 33 458	広ヒロ

4　1950.10.14　上野

127レ　上野→福島

C 57 70	[宇]
オハフ 33 255	仙フク
スハフ 32 69	仙セン
スハ 42 42	仙セン
スハ 42 41	仙セン
スハ 32 236	仙セン
スハ 42 40	仙セン
スハ 32 706	仙セン
スハ 32 238	仙セン
オロ 31 63	仙セン
スニ 71 18	**仙セン**

5　1950.10.14　上野

105レ 準急
上野→仙台・会津若松・山形

C 62 38	[白]
オハフ 33 214	東ヲク
オハ 35 367	東ヲク
オハフ 33 31	東ヲク
スロハ 31 7	東ヲク
オハフ 33 544	仙セン
オハ 35 838	仙セン
オハ 35 833	仙セン
オハ 35 840	仙セン
スハシ 49 3	仙セン
オハ 35 44	仙セン
スニ 73 12	**大ミハソ**
オニ 26766	天リュソ

6　1950.11.20　上野

111　上野→青森・日光

C 62 21	[尾]
オハフ 33 27	青アホ
オハ 35 884	青アホ
オハ 35 692	青アホ
オハ 31 112	青アホ
オハ 31 110	青アホ
オロ 41 7	青アホ
マユニ 31 13	青アホ
オユ 26008	青アホ
スハフ 32 141	高ミヤ
オロ 軍 23174	東シナ
オハ 60 15	高ミヤ
オハ 60 353	高ミヤ
オハ 77 13	**高ミヤ**
オハニ 25510	高ミヤ

7　1950.11.20　東京

112レ　門司→東京

EF 57 15	[沼]
マヌ 34 11	静ヌマ
マニ 34 4	東シナ
スハフ 32 197	大ミハソ
オハ 34 59	大ミハソ
スハ 32 336	大ミハソ
オハ 35 918	大ミハソ
スハ 32 295	大ミハソ
オハ 34 119	大ミハソ
スハ 32 210	大ミハソ
オロ 35 51	大ミハソ
スユ 71 14	**大ミハソ**
オユニ 26294	名ナゴ

8　1950.12.2　東京

14レ 急行「銀河」
神戸→東京

機	
オハフ 33 507	東シナ
スハ 42 122	東シナ
スハ 42 121	東シナ
スハ 42 120	東シナ
スハ 42 119	東シナ
スハ 42 117	東シナ
スハ 42 106	東シナ
オロ 40 66	東シナ
スロ 60 17	東シナ
スロ 60 21	東シナ
マロネ 39 2	東シナ
マイネ 41 6	東シナ
マイネ 40 12	東シナ
スニ 73 13	**大ミハソ**
オユニ 70 1	

9　1950.12.22　博多

205レ「準急」
京都→博多・都城

機	
マニ 72 15	**門タタ**
オロ 40 34	門タタ
スハ 42 27	門タタ
スハ 42 36	門タタ
オハ 35 107	門タタ
スハ 42 37	門タタ
オハフ 33 495	門タタ
オロ 31 31	大キト
オハ 35 923	大キト
オハ 35 925	大キト
オハ 35 446	大キト
オハフ 33 395	大キト

10　1951.5.19　千葉

218レ
安房鴨川→両国

C 57 72	[千]
オハフ 61 160	千キウ
オハ 60 38	千キウ
オハ 60 7	千キウ
オハ 60 386	千キウ
オハ 60 8	千キウ
オハ 70 88	**千キウ**
オユニ 26351	千キウ
ナハフ 14533	千キウ
オユニ 26290	千キウ

11　1951.7.18　上野

402 急行「鳥海」
秋田→上野

C 62 9	[白]
オニ 26680	秋アタ
オニ 70 6	**秋アタ**
スロ 51 50	秋アタ
オロ 40 62	秋アタ
オハ 35 221	秋アタ
オハ 35 513	秋アタ
オハ 35 598	秋アタ
オハフ 33 20	秋アタ
オハ 35 558	秋アタ
オハフ 33 249	秋アタ

12　1951.7.18　上野

602レ 急行「北陸」
大阪→上野

C 57 177	[高一]
オニ 26528	東ヲク
マニ 74 51	**東ヲク**
スロ 51 47	東ヲク
スロ 34 19	東ヲク
スハ 43 42	東ヲク
スハ 43 41	東ヲク
スハ 43 40	東ヲク
スハ 43 39	東ヲク
スハフ 42 5	東ヲク
スハ 43 22	東ヲク
スハフ 42 7	東ヲク

13　1951.8.7　京都

732レ　京都→山田*

C 51 205	[山]
オハユニ 71 5	**大キト**
オハフ 33 109	天ヤマ
オハ 35 459	天ヤマ
オハ 35 1039	天ヤマ
オハ 35 709	天ヤマ
スハニ 31 39	天ヤマ

*山田：現在の伊勢市

14　1951.8.7　京都

522レ　新潟→大阪

C 59 82	[宮]
オニ 26654	新ニイ
オユニ 71 2	**新ニイ**
マロネロ 軍 1601	大ミハソ
オロ 35 27	新ニイ
オハ 31 187	新ニイ
オハ 35 822	新ニイ
オハ 35 514	新ニイ
オハ 35 824	新ニイ
オハフ 61 208	天ナラ
オハ 35 1134	大ミハソ
オハ 35 1110	大ミハソ
スハフ 32 284	大ミハソ
スハフ 32 100	大ミハソ

15　1951.8.9　名古屋

615レ　名古屋→坂下

D 51 821	[名]
スハフ 32 14	名ナゴ
オハ 70 97	**名ナゴ**
オハ 70 53	**名ナゴ**
オハ 70 54	**名ナゴ**
オハ 70 50	**名ナゴ**
オハ 70 82	**名ナゴ**
オハ 70 95	**名ナゴ**
スハフ 32 318	名ナゴ

16　1952.3.5　上野

529レ　上野→白河・日光

C 62 19	[白]
スハフ 32 146	高ミヤ
オハ 60 15	高ミヤ
オハ 77 13	**高ミヤ**
オハ 60 322	高ミヤ
スハニ 61 159	高ミヤ
オハフ 28300	高ミヤ
ナハ 22001	**高ミヤ**
オハ 77 25	**高ミヤ**
ナハ 22012	高ミヤ
オハフ 61 158	高ミヤ

17 1952.8.10 上野

206レ 準急 青森→上野

C 61 16	[尾]
スニ 73 6	**名マイ**
スユ 30 13	旭アサ
スニ 19514	青アホ
オロ 40 43	青アホ
オハ 35 718	青アホ
オハ 35 844	青アホ
オハ 35 750	青アホ
オハフ 33 511	青アホ
スロハ 31 43	盛モカ
スハ 32 241	盛モカ
スハフ 32 369	盛モカ

18 1953.4.22 上野

813レ 上野→成田

58682	[成]
ナハフ 14275	千ナタ
ナハ 22095	千ナタ
ナハ 23825	千ナタ
オハ 77 6	**千ナタ**
オハ 77 4	**千ナタ**
オハフ 61 160	千ナタ
オハ 61 330	千ナタ
オハ 60 291	千ナタ
オハ 60 30	千ナタ
オハニ 61 117	千ナタ

19 1953.7.26 上野

128レ 一ノ関→上野

C 57 108	[宇]
スハニ 61 24	高ミヤ
オハ 78 19	**高ミヤ**
オハ 60 355	高ミヤ
スハ 32 70	高ミヤ
オハフ 33 232	高ミヤ
スハニ 61 96	仙フク
スハ 32 686	仙フク
スハ 32 696	仙フク
スハ 32 831	仙フク
スハフ 32 71	仙フク

20 1953.11.5 上野

116レ 青森→上野

C 62 22	[白]
マニ 71 9	**盛アホ**
マニ 78 3	**盛アホ**
スニ 75 94	**盛アホ**
スユ 72 4	**盛アホ**
オロ 35 70	青アホ
オハ 35 770	青アホ
オハ 35 326	青アホ
オハ 35 241	青アホ
オハ 35 673	青アホ
オハフ 61 280	青アホ
オハフ 33 214	青アホ

21 1954.4.2 上野

113レ 上野→青森

C 62 22	[白]
スハフ 32 119	東ヲク
スハ 32 377	東ヲク
スハフ 32 135	東ヲク
スハ 32 209	
オハフ 33 57	盛モカ
スハ 32 674	盛モカ
オハ 35 235	盛モカ
スハ 32 237	盛モカ
オロ 31 32	盛モカ
オニ 26713	盛アホ
マニ 78 4	**盛アホ**
マニ 76 14	**東ヲク**

22 1954.7.15 土佐山田

115レ 高松桟橋→窪川

C 58 28	[高]
スロハ 32 36	四カマ
オハフ 30 75	四コチ
オハ 31 46	四コチ
オハ 31 48	四コチ
オハニ 31 294	四コチ
スユニ 72 23	**四カマ**

23 1954.8.16 上野

706レ 準急 新潟→上野

EF 58 41	[高二]
マニ 72 6	**東ヲク**
マニ 71 3	**新ニイ**
マニ 71 11	**新ニイ**
マロネロ 38 9	東ヲク
マロネロ 38 13	東ヲク
オロ 40 61	新ニイ
スハ 42 11	新ニイ
スハ 43 321	新ニイ
スハ 43 320	新ニイ
スハ 42 13	新ニイ
スハフ 42 167	新ニイ

24 1954.8.19 新宿

417レ 新宿→松本

EF 10 15	[甲]
オロ 36 30	東イヒ
オハフ 61 432	長ホシ
オハ 61 350	長ホシ
オハ 61 617	長ホシ
オハ 61 348	長ホシ
オハニ 61 225	長ホシ
スユニ 72 9	**長ホシ**
スハニ 32 13	名ナゴ

25 1956.7.22 阿波池田

322レ 阿波池田→小松島

38647	[知]
オハユニ 61 92	四コマ
オユニ 70 4	**四カマ**
オハ 35 1159	四コマ
オハ 61 788	
スハ 32 483	
オハフ 30 55	四トク

26 1956.7.24 東京

131レ 東京→大阪

EF 58	
マニ 74 70	**大ミハ**
スユ 42 16	大ミハ
オロ 54 17	東シナ
オロ 40 19	大ミハ
オハ 35 1310	大ミハ
スハ 42 94	大ミハ
スハ 42 135	大ミハ
スハ 42 92	大ミハ
スハ 42 133	大ミハ
スハ 42 91	大ミハ
オハフ 33 377	大ミハ

27 1956.12.3 京都

荷47レ 東京→鳥栖

EF 58 87	[宮]
ワキ 118	東シナ
スニ 73 9	**名ナゴ**
マニ 60 39	岡オカ
マユ 33 111	東ウエ
スニ 75 30	**東ウエ**
マニ 74 58	**東ウエ**
マニ 32 15	東シナ
カニ 29 14	東シナ
マニ 31 37	東シナ

28 1958.3.1 大阪

223レ 大阪→八代

C 59 60	[姫二]
スニ 30 56	広セキ
マニ 74 70	**大ミハ**
スニ 73 32	**熊ヤツ**
スユ 72 10	**熊ヤツ**
オロ 40 15	熊ヤツ
オハフ 33 442	熊ヤツ
オハ 35 1286	熊ヤツ
オハ 35 813	熊ヤツ
オハ 35 1204	熊ヤツ
オハ 35 1186	熊ヤツ
オハ 35 1260	熊ヤツ
オハフ 33 496	熊ヤツ

29 1958.3.8 小山

719レ 小山→水戸

C 58 400	[小]
オハフ 61 546	高ヤマ
オハ 61 183	高ヤマ
オハ 61 729	高ヤマ
オハ 61 599	高ヤマ
オハ 61 604	高ヤマ
オハ 61 519	高ヤマ
オハユニ 71 19	**高ヤマ**

30 1958.7.25 石動

711レ 静岡→富山

C 51 226	[富]
オハフ 30 37	金フイ
オハ 31 44	金フイ
オハ 31 83	金トヤ
オハフ 33 423	金フイ
オハ 34 63	金フイ
オハ 34 5	金フイ
オハ 31 36	金フイ
オハ 34 6	金フイ
オロ 31 25	金トヤ
スニ 75 22	**金トヤ**

31 1958.8.27 函館

107レ 準急「すずらん」
函館→札幌

C 57 138	[築]
スハフ 44 12	青ハコ
スハ 45 53	青ハコ
スハ 45 19	青ハコ
スハ 45 33	青ハコ
スハシ 38 6	青ハコ
スロフ 30 16	青ハコ
マユニ 78 9	**青ハコ**

32 1960.4.12 大山口

810レ 米子→京都

DF 50 506	[米]
スハフ 42 112	米ヨナ
オハ 35 491	米ヨナ
オハ 61 545	米ヨナ
オハ 61 381	米ヨナ
オロハ 30 34	広セキ
オハニ 61 77	米ヨナ
スユニ 72 26	**大ミハ**
オハフ 61 729	米ヨナ
オハ 61 187	米ヨナ
オハ 61 163	米ヨナ
オハ 35 493	米ヨナ
オハニ 61 87	米ヨナ

33 1960.4.14 野馳
817レ 姫路→広島

78694	[三]
オユニ 71 1	**岡ニミ**
オハ 61 79	岡ニミ
オハ 34 95	岡ニミ
オハフ 30 151	岡ニミ
逆向 C 58 200	[新]

芸備線経由

34 1960.4.15 岡山
114レ 広島→沼津

C 59 122	[糸]
マハ 29 71	大キト
スハフ 42 314	名ナコ
スハ 43 283	名ナコ
スハ 32 705	名ナコ
オハ 35 143	名ナコ
オハ 35 588	名ナコ
オハ 35 436	名ナコ
スロ 32 8	名ナコ
スニ 73 9	**名ナコ**
マユ 33 16	門モシ

35 1960.4.15 東津山
821レ 姫路→新見

C 58 170	[津]
オユニ 70 3	**岡ニミ**
オハ 60 112	岡ニミ
オハ 34 86	岡ニミ
オハフ 61 481	岡ニミ
オハ 60 82	岡ツヤ
オハ 35 335	大ヒメ

36 1960.4.29
17レ 金津→芦原

C 12 193	[福]
オハユニ 71 9	**金ツル**
オハ 34 29	金フイ
オハフ 61 12	金サワ

37 1960.8.4
716レ 新庄→福島

C 58 117	[小]
オハユニ 71 5	**秋シン**
スハニ 64 2149	仙フク
スハ 32 2246	仙フク
スハ 32 2382	仙フク
スハ 32 2547	仙フク
スハフ 32 2088	仙フク

38 1960.8.31 長野
313レ 上野→新潟

D 51 185	[長]
オハフ 33 447	新ナカ
オハ 35 654	新ナカ
オハ 35 688	新ナカ
オハ 35 687	新ナカ
スロハ 38 6	新ナカ
オハニ 61 403	新ナカ
マユニ 31 4	東オク
マニ 71 3	**新ニイ**

39 1961.7.21
411レ 門司港→長崎

D 51 834	[長]
スハフ 42 119	門サキ
スハ 43 170	門サキ
マニ 60 364	門サキ
スユ 72 5	**門モシ**
オハ 35 1202	門サキ
オハ 46 547	門サキ
オロ 35 50	門サキ
スハ 43 409	門サキ
スハ 43 577	門サキ
スハフ 42 333	門サキ

40 1961.10.22 岡山
513レ 岡山→宇野

EF 58 127	[宮]
オユニ 71 10	**岡オカ**
マハ 29 66	岡オカ
オハフ 33 459	中コリ
スロ 32 4	中コリ
スハ 32 197	中コリ
オハ 35 1149	中コリ
スハ 32 199	中コリ
スハ 32 276	中コリ
スハフ 32 32	中コリ

41 1961.11.4
335レ 一ノ関→盛

C 58 402	[一]
オハユニ 71 4	**盛イチ**
オハ 61 881	盛イチ
オハ 61 883	盛イチ
オハフ 61 506	盛イチ
オハ 61 551	盛イチ
オハフ 61 606	盛イチ

42 1962.3.26 瀬々串
411レ 鹿児島→山川

C 12 68	[鹿]
オハフ 33 319	鹿カコ
オハ 35 226	分オイ
オハ 61 810	鹿カコ
オハユニ 71 14	**鹿カコ**

43 1962.3.27 鹿児島
512レ 西鹿児島→門司港

DF 50 543	[大]
オハフ 33 611	門モコ
オハ 35 951	門モコ
オハ 35 621	門モコ
オハ 35 424	門モコ
オロ 35 50	門モコ
マユニ 78 17	**門モコ**

44 1962.3.30 吉松
113レ 門司港→都城

C 51 195	[吉]
オハユニ 71 13	**鹿ヤコ**
マニ 60 160	鹿ヤコ
オロ 40 14	鹿ヤコ
オハ 35 1257	鹿ヤコ
オハ 35 1195	鹿ヤコ
オハ 35 1084	鹿ヤコ
オハフ 33 536	鹿ヤコ

45 1962.4.5 京都
443レ 米原→京都

EF 58 112	[米]
マニ 76 19	**大キト**
マユ 35 10	大ムコ
スロ 34 13	大ムコ
オハ 36 96	大ムコ
スハ 43 209	大ムコ
スハ 43 206	大ムコ
スハ 43 210	大ムコ
スハ 43 94	大ムコ
オハ 47 21	大ムコ
オハ 47 45	大ムコ
オハ 47 16	大ムコ
スハフ 42 162	大ムコ

46 1962.8.4 小浜
923レ 福知山→敦賀

C 58 58	[福]
オハニ 61 57	福フチ
オハフ 30 40	金ツル
オハ 61 2633	金ツル
オハ 61 68	金ツル
オハニ 61 247	金ツル
スユニ 72 2	**大ミハ**

47 1962.8.17 東京
荷42レ 鹿児島→東京

EF 58 18	[浜]
マニ 32 21	東シナ
マニ 60 14	大ミハ
マニ 60 380	大ムコ
マニ 32 7	大キト
オユ 12 2	門モシ
マニ 76 13	**名ナコ**
マニ 76 24	**熊クマ**
スニ 73 29	**東ウエ**
マニ 74 55	**東シナ**
マニ 60 307	岡オカ
スユ 72 15	**大ミハ**

48 1962.10.18 上野
434レ 平→上野

EF 80 11	[勝]
マニ 71 2016	**東オク**
オハフ 61 2628	水ミト
スハ 32 2469	水ミト
オハ 61 2233	水ミト
オハ 61 2325	水ミト
スハ 32 2484	水ミト
スハ 32 2462	水ミト
スハ 32 2159	水ミト
オハ 61 2231	水ミト
スハ 32 2472	水ミト
オハフ 61 2626	水ミト

49 1963.8.19 野辺地
212レ 青森→上野

C 60 39	[盛]
マニ 71 2016	**東オク**
スロ 43 2027	東オク
スハ 32 2675	東オク
スハ 43 2250	東オク
オハ 35 2488	東オク
オハ 35 2427	東オク
オハ 32 2254	東オク
スハフ 32 2287	東オク

50 1963.8.25 村上
829レ 新津→青森

C 57 35	[酒]
オハフ 61 751	秋アキ
オハ 61 409	秋アキ
オハ 35 3274	秋アキ
オハ 61 576	秋アキ
オハフ 33 2527	秋アキ
マユ 33 2013	盛アオ
マニ 60 2591	盛アオ
マニ 76 2030	**金トヤ**

51 1964.10.1 岡山
914レ 米子→岡山

C 58 403	[新]
オハフ 61 727	米ヨナ
オハ 61 272	米ヨナ
オハ 61 666	米ヨナ
オハニ 61 86	米ヨナ
オハ 61 781	岡ニミ
オハ 61 780	岡ニミ
オハ 61 133	岡ニミ
オユニ 71 8	**岡ニミ**

52 1966.11.6 新宿
423レ 新宿→長野

EF 13 8	[甲]
マヌ 34 14	東コフ
オハフ 61 16	千ナタ
オハ 35 356	東コフ
オハ 35 358	東コフ
オハ 35 353	東コフ
スハ 32 191	東コフ
スハ 32 218	東コフ
オユ 10 26	長ナノ
マニ 60 163	東イイ
スユニ 72 10	**長モト**

中巻の終わりに

この中巻では、スユニ72形からマニ74形までを説明した。残ったスニ75形以降と事業用車については下巻で説明する。また番号変遷表も掲載する予定である。

今回取り上げた写真の中で、オニ70 3改造のオエ70 1(23頁掲載)は、ちょっと思い出深い1両である。1989年に現車を見たときは、両サイドとも十分に空きのある単車状態で留置されており、後にも先にもない絶好の条件であった。おかげ様でじっくり観察でき、車体はリベットもなく確実に作り直されていることを一旦は確信した。ただし丸屋根であり、出入り台付近は古い鋼材が流用された可能性があることも理解できた。だが、見た目の窓配置はスニ30形のうち、窓高さの長い旧スニ36650形と同様であり、種車はこれであろうと途中で考えが変わった。しかしながら、台枠調査と回送記録をもとにするとオロハ30 36が種車となると知り、意外であった。

これは極端な例であるが、1両ごとにじっくり見れば新たな発見があるものである。側面の分割写真や台枠写真を撮ったり、実測したりと試してみた。だが、サンプル数が少ないと台枠の議論も難しいとわかり、途中で断念した。分割写真はとりあえず撮影して、その後どうしたら良いかアイデアがなかったが、後に画像処理ソフトの出現により写真合成ができるようになった。野村一夫氏も同様の写真を撮影されており、今回は2名分合わせて約20点を収録することができた。床下機器の考察は今回は省略しているが、各機器がどの位置にあるかは側面からの写真がないと不確定となりやすく、模型製作の一助になるのではないかと考えている。

藤田吾郎(鉄道友の会客車気動車研究会)

マニ71形番号不明（マニ71-Bタイプ）を最後部とする東北本線寝台夜行列車、撮影できる時刻を考えると1962～1964年頃の「北上」と考えられる。
鶯谷　P：鈴木靖人